服装色彩设计与搭配研究

王凡 著

中国海洋大学出版社
·青岛·

图书在版编目(CIP)数据

服装色彩设计与搭配研究 / 王凡著. -- 青岛 ： 中国海洋大学出版社,2022.5
ISBN 978-7-5670-3153-1

Ⅰ. ①服… Ⅱ. ①王… Ⅲ. ①服装设计-配色-研究
Ⅳ. ①TS941.11

中国版本图书馆 CIP 数据核字(2022)第 077695 号

出版发行	中国海洋大学出版社			
社　　址	青岛市香港东路 23 号		**邮政编码**	266071
出 版 人	杨立敏			
网　　址	http://pub.ouc.edu.cn			
电子邮箱	502169838@qq.com			
订购电话	0532-82032573(传真)			
责任编辑	由元春		**电　　话**	15092283771
印　　制	青岛瑞丰祥印务有限公司			
版　　次	2022 年 6 月第 1 版			
印　　次	2022 年 6 月第 1 次印刷			
成品尺寸	170 mm×240 mm			
印　　张	8.25			
字　　数	194 千			
印　　数	1~1000			
定　　价	39.90 元			

若发现印装质量问题,请致电 18863932526,由印厂负责调换。

前　言

　　服装色彩是服装设计的三要素之一，是服装设计的重要组成部分。正是因为有服装色彩的加入，服装设计才展现出新的活力，人们才能够通过穿着不同颜色类型的服装来展现自身魅力。服装色彩设计同其他设计一样，需要遵循一定的规律，在设计中不断加入创新性元素，保证服装色彩设计符合时代的发展要求。

　　服装色彩搭配是服装色彩设计中不容忽视的关键环节，在弄清服装色彩搭配原理的同时，掌握一定的服装色彩搭配技巧，可以提升服装色彩设计的艺术性与实用性。由此可见，服装色彩设计与服装色彩搭配相辅相成，互相成就。

　　现代社会，随着科技的飞速进步，人们对色彩的运用与研究也更加深入，色彩作为一种特殊的载体，在服装设计领域具有十分特别的意义。特别是在服装的选择方面，人们越来越追求时尚的穿着，也越来越看重服装色彩的设计。伴随着服装消费个性化的发展趋势，越来越多的消费群体开始注重选取可以展现自身风格与魅力的服装，与此同时，他们对于服装色彩的搭配也颇有心得。这一社会趋势使得服装设计领域发生了巨大的变化，越来越多的服装设计师开始致力于追求服装色彩设计与搭配的完美融合，他们试图在理论研究与实践活动中实现对服装色彩设计与搭配的理想化追求。除此之外，在服装设计的学术领域，众多学者也深入服装色彩设计的实践，在掌握基本设计理论知识的基础上，不断挖掘服装色彩设计的内涵与价值，了解服装搭配的客观规律，引导学生认识色彩并掌握服装色彩搭配的技巧，带领学生探寻流行色彩的趋势以及应用方法，从而帮助学生开拓设计思路，更新服装色彩设计观念，迸发新的搭配灵感，提升他们综合运用服装色彩设计与搭配知识的技能，进而培养出优秀的设计人才，为服装色彩设计的创新化发展贡献力量。在此背景之下，笔者结合前人的研究成果以及自己多年的教学经验对服装色彩设计与搭配进行了探究。

　　本书共分为七章，第一章从色彩的基本知识入手，简要分析了服装色彩的独特性与表现性，论述了服装色彩设计的概念与方法以及影响服装色彩设计的因素；第二章和第三章则系统探讨了服装色彩的形式美与图案美设计以及感性设计与系列设计；第四章对服装色彩设计的关键部分——色彩搭配进行了研究，对服装色彩搭配的基础知识进行了讨论，并详细分析了服装色彩搭配的原则及综合运用；第五章和第六章从设计风格、人体、环境和服装品牌文化等方面研究了影响服装色彩搭配的因素，总结了服装色彩搭配的原理以及配色技巧；第七章从流行色的角度对服装色彩搭配进行了研究，首先对流行色做了一定的解读，其次分析了色彩流行的形式与特征、周期与变化，再者介绍了流行色的研究机构以及如何进行色彩预测，最后概括和总结了有色系与无色系的流行色搭配应用。

　　本书结构完整，条理清晰，不仅详细论述了服装色彩设计的理论知识，更是为服装色彩搭配提供了方法和思路，给服装色彩设计与搭配提供了可借鉴的经验，对服装设计的现代化与创新性发展具有积极意义。本书在写作过程中，查阅了众多国内外相关文献和资料，吸收了很多与之相关的研究成果，在此表示诚挚的感谢！由于时间限制和作者水平有限，书中难免存在不足和遗漏之处，望广大读者批评指正！

目　录

第一章　服装色彩设计概述

世界因为色彩的点缀而显得生机勃勃、美观和谐，世间万物因为自身独特的颜色而具有个性和魅力。服装色彩是服装设计三要素"款式、面料、色彩"的重要组成部分。当人们从远到近观察服装时，总是先看到服装的色彩，然后是服装的造型，最后是服装的材质和工艺。因此，在服装设计中，服装色彩设计具有重要的意义。服装色彩设计和其他的设计形式一样，是一项融美学与科学技术为一体的创造活动，对服装色彩的研究已逐渐形成了一门新的学科——服装色彩学。在服装设计中，色彩的形式美表现有哪些，如何进行服装色彩搭配，何为流行色，如何运用流行色等问题，都是服装色彩设计所需要研究的主要内容，本章对服装色彩设计做了具体阐述。

第一节　色彩的基础知识

一、色彩的形成

色彩出现在我们生活中是如此自然而又美妙的事情。然而，何谓色彩？大部分的人很少去探究。本节将在欣赏体验色彩的魅力之余，对色彩的成因做一些深入探索。

色彩所展示给我们的无穷魅力在很大程度上来自光的贡献。生活中大家都有这样的体验：夕阳西下时，在阳光照射下万物呈现出夺目绚丽的色彩，充满迷人的魅力；但当黑夜降临、灯火俱灭之时，这一切都会黯然失色。只有当灯光再现或者是黎明来到时，世界才能重现色彩。这一现象使我们了解了一个很重要的事实：色彩的形成与光有着不可分割的联系。紫色光波长在380 nm~450 nm之间，蓝色光波长在450 nm~480 nm之间，绿色光波长在480 nm~550 nm之间，黄色光波长在550 nm~600 nm之间，橙色光波长在600 nm~640 nm之间，红色光波长在640 nm~780 nm 之间。当它们组合在一起时便形成不同的色彩。因此，波长在380 nm~780 nm 之间的电磁波为可见波长，波长长于 780 nm 的电磁波称为红外线，波长短于 380 nm 的电磁波称为紫外线。

人们能够看到物体的色彩，是经历了光—物体—眼睛这样一个过程。色彩是由光线刺激视网膜所产生的视觉现象，没有光线就没有色彩。光的物理性质取决于振幅与波长两个因素。振幅为光的量度，振幅的大小决定明暗；波长的长短则影响色相，波长长时会偏向红色，短时则偏向蓝色。

二、色彩的属性

我们看见的色彩，如红、橙、黄、绿、青、蓝、紫等，不论它们是鲜明、清纯或者灰暗，皆可称为有彩色。除了有彩色外，我们也会看见白色、黑色和由白色与黑色调和形成的各种深浅不同的灰色，这些被称为无彩色。无彩色按照一定的变化规律，可以排成一个系列，由白色渐变到浅灰、中灰、深灰到黑色，色度学上称此为黑白系列。纯白是理想的完全反射光的物体的颜色，纯黑是理想的完全吸收光的物体的颜色。可是，在现实生活中并不存在纯白与纯黑的物体，颜料中采用的锌白和铅白只是接近纯白，煤黑只是接近纯黑。

色彩的基本属性一般是对有彩色而言的。有彩色系的颜色具有三种基本属性：色相、纯度和明度。无彩色系的颜色只有基本性质即明度，它们不具备色相和纯度的性质，也就是说它们的色相与纯度在理论上都等于零。

（一）色相

色相也叫色别，是指色彩的具体面貌，也指特定波长的色光呈现出的色彩感觉。色相是色彩中最突出、最主要的特征，因而也是区分色彩的主要依据。生活中各种丰富多彩的色彩都有一定的色相。色相，主要用来区别各种不同的色彩。辨别色彩的色相，第一是观察，第二是比较。如大红、朱红、曙红、玫瑰红等，它们的色相是在相比之下而产生且有所区别的。

光谱中的红、橙、黄、绿、蓝、紫色为六种基本色相。将首尾两端的红色和紫色相接，便组成了最简单的六色相环。色相环中各色以相似均等的距离分割排列。如果在这六色之间分别增加一个过渡色相，即红橙、黄橙、黄绿、蓝绿、蓝紫、紫红各色，就构成了十二色相环。在十二色相环之间继续增加过渡色相，就会组成二十四色相环，它们的颜色过渡更加微小、柔和而富有节奏。

（二）纯度

色彩的纯度是指色彩的纯净程度，它表示颜色中所含有色成分的比例。含有色成分的比例愈大，则色彩的纯度愈高；含有色成分的比例愈小，则色彩的纯度也愈低。可见光谱的各种单色光是最纯的颜色，为极限纯度。当一种颜色掺入黑、白或其他彩色时，纯度就产生变化。当掺入的颜色占很大的比例时，在眼睛看来，原来的颜色将失去本来的光彩，而变成混合后的颜色了。当然这并不等于说在这种被掺入的颜色中已经不存在原来的色素，而是由于大量掺入其他色彩而使得原来的色素被同化，人的眼睛已经无法感觉出来了。

有色物体色彩程度与物体的表面结构有关。如果物体表面粗糙，其漫反射作用将使色彩程度降低；如果物体表面光滑，那么，全反射作用将使色彩更加鲜艳，如玻璃器皿、瓷器等。在服装面料中则表现为缎纹面料色彩比较鲜艳。

（三）明度

明度也称为亮度、光度或鲜明度，指色彩本身的深浅程度。明度有两种含义：一是指同一种色相因光的强弱而产生不同的明度变化，如同一种色彩可有明绿、绿、暗绿等由明到暗的色彩变化；二是指各种色相之间的明度会有差别，如在红、橙、黄、绿、青、蓝、紫七种颜色中，黄色最亮，蓝色较暗，其他几色的明度处于亮与暗之间。白色是反射率最高的颜色，在某种色彩里加入白色，可提高混合色的反射率，即提高明度；而黑色的反射率最低，在其他色彩中加入黑色，混合色的明度便降低。

明度的产生有以下几种情况。

（1）同一色彩因光源的强弱和投影角度的不同而产生明度强弱的差异或因物体的起伏而造成明度的差异。

（2）同一色相因混入不同比例的黑、白、灰色而形成不同的明度变化。

（3）在同样的光源下，不同色相的明度变化和差异。

三、色彩的分类

（一）三原色

三原色分为两类，一类为光模式的三原色，另一类为颜料的三原色。光模式（RGB color model）三原色，也被称为 RGB 颜色模型或红绿蓝颜色模型，为加色模型，红色、绿色、蓝色的波长分别为 700 nm、546.1 nm、435.8 nm（与颜料色彩中的大红、中绿、群青近似）。将红色（Red）、绿色（Green）、蓝色（Blue）三原色的色光相加会显得更加明亮，变换色光的比例可以获得丰富的色光效果。在日常生活中，我们见到的电视荧光屏、电脑屏幕就是由红、绿、蓝三种发光小的色点构成。当光线交叠在一起时，光会显得越来越亮，当三种光组合量相同时形成白光的效果。颜料中的三原色为品红（Magenta）、黄（Yellow）、青（Cyan）。经过科学研究，人们发现颜料三种原色经过混合可以调出丰富的色彩。在色彩理论中认为三原色混合可以配出黑色，实际上只能调出黑灰色。[①] 在印刷业中除了使用三原色之外，还要加上黑色的油墨。在西方传统绘画中以固有色的观念来观察与表现物象，直至印象派诞生，绘画的表现受到了科学发展的影响，以色光的变化为追求对象。印象派的写实不存在固有色的概念，物象的色彩随时会受到光的变化而变化，光线的色彩决定了物象显示的色彩。蓝色的布料在橙色光照之下会变成黑色，因为日光下的蓝布只反射蓝色，在橙色光的照耀之下没有蓝光可以反射，所以变成黑色。夕阳照射的白墙会显示出黄红色，夜间照射绿色的人造光，墙面会呈现绿色，白墙的色彩受光照得以改变，而发光体本身的色彩是不变的，物体的色彩只是由自身的物理结构和色光所决定。因此，观察物体的色彩要看它的周围环境和色光。在印刷行业中，印刷油墨、彩色照片、彩色打印系统就是以黄色、品红、青色为三原色再加上黑色，形成四色的模式。从印刷品上看到的色彩为纸张反射的光线，绘画调色也是如此，颜料中的三原色吸收了 RGB 的光色，显示出的色彩为青、品红、黄（CMY）。颜料色彩的原色在配比不同的条件之下可以调配出各类的色彩，调色次数越多颜色越变灰，纯度降低。

（二）间色

间色又称为二次色。红色与蓝色可调出紫色，红色与黄色可以调配出橙色，蓝色与黄色可以调配出绿色。我们也将橙色、绿色、紫色称为三间色，变换配色比例可以调出不同的间色，如偏黄色的橙色、偏红色的橙色。色光的三间色为黄、品红、青，与颜料的三原色相同。色光与颜料色彩形成的复杂的关系，使我们得到了对于光与色丰富的视觉体验。

（三）复色

两种原色相混合或一种原色与一种间色相混合可以调配出复色，也称为第

---

① 武云超. 色彩语言与设计应用 [M]. 北京：中国电影出版社，2018：24.

三次色。复色成分复杂，构成了色彩的含灰色调，例如，红色与少量的绿色调配可调出含灰的红色，这种红色稳定耐看。色光中没有复色，由于色光越加越亮，不会出现灰色调。

（四）有彩色

带有冷暖倾向的色为有彩色，光谱中的色彩均为有彩色。有彩色的种类是无穷尽的，红、橙、黄、绿、蓝、紫是从有彩色中归纳出来的基本色，是为了便于研究与制定标准。

有彩色都具备色相、纯度与明度三种属性，因此有彩色相对于无彩色来讲成分要更复杂。一个人对色彩感觉的强弱、用色是否雅致，主要取决于色彩实践中对于含灰色的感受。设计者加强灰色调的训练，可以提高对色彩感觉的敏感性，增强色彩的修养。

（五）无彩色

无彩色是不具备色彩倾向的，既不偏暖，也不偏冷。黑、白、灰构成了无彩色，黑与白是无彩色当中的两极，在色彩的黑白概念当中，纯白就是将所有的色光全都反射，纯黑是将所有的色光全部吸收，这只是理论中的黑与白。而现实中纯白与纯黑是不存在的，白色总是含有极少量的黑，黑色也含有极少量的白。黑色与白色按不同比例混合调配出不同明度的灰色，当黑与白按一比一的比例调配时，可以调出中灰色，按照黑与白的比例递增或递减可以获得由黑至白有规律的渐变。不同明度搭配在一起时会产生对比，明度之间差异大会显得动感十足，但也会使人感到刺目；明度之间对比太弱会显得含混不清。在明度色彩搭配当中，适宜的明度对比关系可以使人感到平和舒适。在色彩的三要素之中，明度对比至关重要，如果明度搭配适宜，在色彩设计之中即使色相简单也可以通过明度调节取得丰富的效果。因此，无彩色在色彩搭配中扮演着十分重要的角色，无彩色之间互相组合，也可以得到很多简洁干练的配色效果。黑色、白色与灰色和有彩色搭配时，可以减少各色之间的冲突，对比趋于缓解，使色彩之间产生和谐的效果。在民间美术中，很多大红大绿的色彩搭配之所以协调，就是由于采用了勾勒黑线或者白线的装饰方法，减弱了红、绿二色的冲突。

第二节　服装色彩的独特性与表现性

一、服装色彩的独特性

（一）设计注重以人为本

人与动物、植物的不同点，明显地表现在人有鲜明的个体性上，这些个体的人不仅有着作为人的普遍性，还有着人的个体性。这种普遍性和个体性，一方面表现在人的自然属性上，如性别、年龄、体型、人种，另一方面则是人的社会属性，如职业、信仰教育。因此，这就构成了服装色彩的规律性和多样性。

（二）配色注重实用性

人类天天要吃饭，天天要穿衣，服装有别于其他造型艺术之处还在于它的实用性（除了以单纯的美为追求目标的表演服装外）。如上班穿职业服，跑步穿运动服，正式场合穿礼服，休息穿睡衣。服装无时无刻不在伴随着人们，保护着人们，美化着人们。可以说，生活离不开服装，服装上的色彩随时都在进行着表达、诉说。

服装设计中常说的"TPWO"原则就是实用性的具体体现。"T"，英文Time的缩写，指穿着的时间、季节；"P"，英文Place的缩写，指穿着的地点、场合；"W"，英文Who的缩写，指穿着的对象、人物；"O"，英文Object的缩写，指穿着的目的。这些规定和要求是服装配色时必须要考虑的因素。

（三）服装色彩的流行性

服装可以说是流行与时尚的代名词。在诸多产品的设计中，服装的变化周期短，但它关注流行、体现流行的程度却是很高的。在流行色的宣传活动中，通过展示服装来表达流行是很重要的内容之一。

（四）服装色彩的季节性

服装，就它的实用性而言，其主要特征就是伴随着季节的更替而不断出现、不断变化，这是其他产品设计无可比拟的。服装色彩设计中提到的时间概念多指季节性的考虑。

二、服装色彩的表现性

服装可谓是社会的一面镜子，不同的时代、不同的经济水平所反映的衣着面貌是各不相同的。作为服装中最具表象特征的色彩，往往也渗透和注入了不同民族的文化背景、时代的变革烙印、人类自我表现所体现的审美趣味、思想意识的象征、机能性的色彩处理、宗教信仰的差异等。学习和研究这方面的知识，将帮助我们更深入地理解色彩的表征，因为在服装配色设计中，这些服装色彩的表现性，对人的审美标准和审美价值起着不容忽视的潜在作用。

（一）服装色彩的象征性

不同的色彩具有不同的性格特征与象征意义，使人产生丰富的联想，是不易褪色的心理映像。如红色代表力量与热情，充满青春与活力，在中国被认为是喜庆的象征；橙色作为温暖和辉煌的颜色，给人以明亮、饱满、愉快、幸福的感觉，是黄昏和秋末的主色调；黄色明亮、轻快、活泼，在中国历史上被推崇为尊贵的颜色，在现代的运动装和童装设计中也经常被使用；绿色来自大自然，性格温和，是和平、安全、希望与生命的象征；蓝色是天空与海洋的颜色，表现出透明、理智、悠远、沉静、安全的特征；紫色由红、蓝两色构成，综合两者的特点，紫色显示出神秘、高贵、优雅的感觉，在古代罗马被认为是高贵的颜色。服装色彩在从原始到古代再到现代的发展过程中，在某种程度上强烈反映了时代与社会的风貌，涉及与服装相关联的社会、政治、经济、民族、人物、时代、性格、地位等因素。作为设计师应该更多地了解色彩的象征意义，从直接的服装视觉中感受它们不同的内涵，并在设计中恰当运用。

（二）服装色彩的民族性

服装色彩所表现的民族性，与这个民族的自然环境、生存方式、传统习俗等有关。中国古代的民族色彩是以红和黑为代表的，无论是人类早期用赤铁矿粉染过的装饰品，还是新石器时期红黑两色彩绘的彩陶（红为赭红、土红，黑为灰黑、暗黑），都表明中华民族那既热情又含蓄的民族特性。

我国地大物博、人口众多。笼统地讲，北方民族因寒季较长，服装色彩多偏深；南方民族暖季较长，服装色彩多偏淡。具体到每个民族，又有着各自的民族风格。如我国的少数民族傣族，祖祖辈辈生活在气候炎热、植物茂盛、风景秀丽的澜沧江畔，服装色彩多以鲜艳、柔和的色组出现，如淡绿、淡黄、淡粉、玫红、粉橙、浅蓝、浅紫，白色运用也很广泛。这些民族的生活条件，尤其是自然或风物条件，使得其具有各自独特的色彩爱好，从而也就形成或产生其民族独有的色彩感觉。

随着时代的进步、科学的发展，各民族间的文化交流日趋频繁。通过相互学习，相互借鉴，使得各民族间共通的东西多了起来。然而，无论怎样创新，扎根沃土的民族文化和民族精神永不能丢。许多成功的设计师就是立足民族风格，在继承本民族服饰精华的同时，吸取其他国家或其他民族服饰文化的营养，使自己在国际时装舞台上占有一席之地。值得注意的是，服装的民族性，并不是单指传统的民族服装，也并不是要照搬古代的或现有的东西。民族性需要与时代特征相结合，只有将民族风格打上强烈的时代印记，民族性才能体现出真正的内涵。

（三）服装色彩的时代性

服装色彩的时代性，指在一定历史条件下，服装色彩所表现的总的风格、面貌、趋向。当然，每一个时代都会有鲜明的风格，也会有未来风格的萌芽，但总会有一种风格为该时代的主流。服装上所体现的色彩可以说是历史发展的见证，如殷代崇尚白色，夏代崇尚黑色，周朝崇尚赤色，秦代崇尚黑色。如汉代出土的大量织物基本上是红褐色一类的暖色调；魏晋时期则崇尚清淡；盛唐由于开拓了"丝绸之路"，织品色彩极为丰富，有银红、朱砂、水红、猩红、绛红、绛紫、鹅黄、杏黄、金黄、土黄、茶褐、宝蓝、葱绿等。

服装色彩的时代特征有时也笼罩着极强的政治色彩，如秦代崇尚黑色。服装色彩的时代感也标志着同时期的科技与工业发展水平。20世纪70年代，当阿波罗登月计划成功时，人们出于对这一成功的喜悦，一时间国际上掀起了以银色为主的太空色热潮，时髦的西方妇女，不仅银色裹身，而且还涂上银色指甲油。

服装色彩常常成为时代的象征。作为时间和空间艺术的服装，它的美是运动的、发展的、前进的，它需要创造，需要推陈出新，这正是时代特征所具有的面貌。

第三节　服装色彩设计的概念与方法

一、服装色彩设计的概念

在服装设计中，如何恰当地运用色彩？如何使它们配套协调？如何使它们符合穿着对象的个性特色与精神风貌？如何使它们与环境相协调？如何去迎接甚至引领时尚的色彩潮流？这些都是服装设计者或着装人必须事先精心规划、巧妙设计的事情，我们将这一考虑与计划的过程称为服装色彩设计。确切地讲，狭义的服装色彩设计是指把服装中诸多的款式、形状、面料及配饰品等，根据穿着对象特征所进行的色彩上的综合考虑与搭配设计。就服装设计而言，色彩是视觉中最响亮的"语言"，是最具感染力的艺术因素，它的价值主要是通过设计手段与心理感受来表现的。它对决定服装商品附加价值的高低具有重要作用，其成本远比材料等因素低得多，因此，能够产生巨大的社会效益、经济效益和美感效应。它不仅是传递信息、表达感情，是构成服装美、环境美等精神文明的重要因素，而且还能够在全球经济一体化的潮流中，在激烈的世界服装市场竞争中，起到广告和促销的作用，

成功的服装色彩设计，是服装的灵魂象征、美感体现，是增加商品附加值的保证，是获得良好市场效益的基础。服装是具有明确机能性与功利性的综合构成设计，其以各种色彩面料为素材，运用优美的形式法则、精湛的科技工艺及合理的营销战略，将点、线、面、体、色、质等诸形态综合，最终，成为成功的款式造型、品牌商品和社会形象。服装色彩在这整个进程中始终作为一个重要因素而被关注和研究。

如果对服装色彩进行详细的划分，应该包括四个方面的内容，即躯干装色彩、内附件色彩、附件色彩、配饰件色彩。所谓躯干装色彩，即上衣和下裳的色彩，它们决定着服饰色彩形象的大效果、主旋律，构成了服饰色彩的核心内容，也是狭义的服装色彩概念。内附件色彩是服装色彩构成中的必要因素，如内衣、领带、袜子、鞋子、帽子、手套等；附件色彩是色彩强化因素，诸如提包、伞具、扇子、墨镜等；配饰件色彩以外加的方式实现着色彩美化的目的，没有明确的实用功能，如果有也是次要的，主要包括首饰、发型、化妆等。

服装色彩设计研究的范围十分广泛，主要包括服装色彩的科学因素、社会因素、个性因素、服饰因素、环境因素等。其中，服装色彩的科学因素是指色

彩与物理学、生理学、心理学、美学等之间的联系；服装色彩的社会因素是指服装作为一面镜子，能够折射出社会制度、民族传统、风俗习惯、文化艺术、生活方式等各方面的特色；服装色彩的个性因素又涉及色彩与着装者的性别、年龄、体型、职业、性格等之间的关系；服装色彩的服饰因素包括色彩与款式、面料、图案之间的联系；服装色彩的环境因素是指色彩与生活区域、使用场所、国际流行之间的关系。服装色彩设计研究的范围是系统的、综合的，学习时应拓宽知识面，有助于服装色彩的完美、深入表达。

二、服装色彩设计的方法

（一）根据不同国家对色彩的偏爱进行设计

一种颜色不只是含有一个色彩的意义，例如，红色既热烈又庄重，象征着炽热的热情和真挚的情感，令人瞩目并且极具震撼力；但是红色同时又有着鲜血的蕴意，给人以危险感，所以不同的人对于同一种颜色有着截然不同的诠释和认知。因此设计师对于色彩的理解和印象将直接关系到此件作品设计的成功与否。当然，在不同的国家中，应用的配色也有所讲究，由于人们在所处环境中所受的社会文化熏陶以及其教育背景的不同，人们对于同一种色彩会产生不同的想法，因此我们在进行服装设计前，应该更多地去了解各个国家忌讳和喜好的服装色彩。

例如，巴西人喜好红色，火红的颜色代表着吉祥和红火，这点与我们中国很相像；但是巴西人认为黑色代表着悲伤，黄色表示绝望，这两种色彩搭配在一起会引起不好的事情。在美国，大多数人喜欢鲜艳的色彩，少女更喜欢朱红色，西南部地区男女老少都倾向于靛蓝色。阿根廷的商品包装流行的颜色是黄色、绿色、红色三种，忌讳黑色、紫色、紫褐色的使用。俄罗斯人偏爱红色，他们常把红色与自己喜爱的人和事物联系在一起，可见其对红色的喜爱程度；但是他们不喜欢黑色，因为黑色在这个国家里象征着肃穆和不祥，所以在俄罗斯，对于服装进行颜色搭配要谨慎使用黑色。我们在设计服装时，对于各个地域的颜色喜好和禁忌要有所认识，才能合理地进行服装配色，留意色彩的潜在语言，传达正确的信息。一味根据个人对于配色的理解和认知是片面的，还会造成不必要的文化矛盾和冲突，可见，知晓服装配色知识是非常重要的。

（二）根据人体肤色的差异进行服装色彩设计

人的肤色是有颜色区分的，这也是我们服装配色要考虑的因素之一。根据人体的肤色、肤质、眼神、毛发等方面的颜色，按明度来划分，我们可以将肤色划分为高明度肤色、中明度肤色和低明度肤色；按纯度可以划分为高纯度肤色和低纯度肤色。那么对于不同类型的肤色来说，个人所需要搭配的服装颜色也是不同的。皮肤白皙、肤质细腻、毛发颜色偏浅的人，适合穿着明快色彩的服装，这样可以使整个人看起来更加青春靓丽，可以参考的配色有淡鹅黄色、浅蓝色等，可进一步彰显甜美气质；如果此类人群穿着相对来说，颜色较为暗沉的颜色，反而会显得脸色苍白，没有血色。中明度人群则适合相对柔和一些的色彩来搭配，例如，中明度的灰色甚至黑白搭配都是较为不错的选择，如果选用一些低明度的色彩服装则会将整个人气质显得过分成熟，如果采用鲜艳的色彩又会显得过于花哨。对于低明度人群，一般采用深沉浓郁为主的色彩，会显得大气沉稳一些，例如：黑色、深度灰、酒红、墨绿、深咖啡色都可以，相对来说，此类人群可应用的色彩跨度要大一些，选择相对多一些；但是如果采用一些相对来说亮丽的色彩，会显得皮肤没有透明度。对于高纯度肤色的人群来说，也应该选择和自己肤色差不多的高纯度色泽的服装，这样会起到衬托肤色的作用，低纯度服装会与个人肤色形成较为强烈的对比，不能达到很好的搭配效果，所以一般不建议采用。对于低纯度肤色人群来说，他们比较适合较为柔和的色彩，这样显得肤色较为透亮。

（三）根据季节变化进行服装色彩设计

每个季节所穿着的服装皆不相同，当然每个季节的服装设计搭配的色彩也是大相径庭。

四季分冷暖，对于服装色彩来说，也可划分为暖色调和冷色调。因此，对于配色设计而言，在配色设计的时候，要注意色彩冷暖的合理搭配、色彩和设计对象的季节表现。暖色调是指以色列环上的暖色区色彩为主的色调，暖色调给人以热情、亮丽、充满活力的感觉。那么冷色调则与暖色调有着相反的视觉效果，冷色调是指以色列环上的冷色区色彩为主的色调，给人以清新、宁静、平和的感觉。秋冬季节相对来说较为严寒，人们会更多地去选择一些颜色较为艳丽的暖色调服装，给人的视觉感受仿佛是在寒冷的冬日沐浴着温暖的阳光，心理似乎得到一些温暖，所以在秋冬季节应用得较为广泛的是红色、橙色、米灰色、黄色等较为鲜艳的配色。首先人们看到此类色系的第一感觉就是火红的太阳、温暖的阳光，代表着健康、希望、积极、光明、暖和，第一时间给人以一种积极的心理暗示和安慰。那么相对来说，在炎热的夏季，服装就会广泛应用冷色调，可应用的配色有白色、浅绿色、天蓝色、嫩粉色等，充满着朝气、希望和活力，有着凉爽之感，将穿着者本身表现得更加有活力，更加明快，给人一种清新脱俗的感觉。

（四）根据服装图案进行色彩设计

服饰图案中不同颜色的色彩面积比例直接影响到最终的视觉效果，应当在服饰颜色中选取某种色彩占据主导地位，以一种或一组色彩为主。在服装色彩中设置主色调的目的在于使得色彩之间取得和谐，也就是充当着平衡点的作用。如果不设置主色调，那么颜色相对多的服装图案就会显得花哨杂乱，没有侧重感。既然有主色调，相应地就会有配色。配色效果的平衡与否，取决于色彩的轻重和强弱感的正确处理。在同一个画面里，暖色、纯色面积小，冷色、灰色面积大，易取得平衡。

配色过程中也需要注意到的是色彩之间是否存在着呼应和衬托的关系。色彩之间的衬托会更加突出图案的主题，显得更有层次，与此同时也起到了一定程度上的对比效果。所谓色彩之间的呼应，就是图案色彩构成采用近似色或者在服装的不同部位可以找到相似甚至相同的色彩，使得图案内部或者不同的部位之间产生一种内在的联系，这样可以使服装看起来有整体感。但是色彩呼应的运用需要注意色块面积的大小，不能破坏了主次关系以及图案色彩本身的整体布局，应该使服装整体具有一定的节奏感和韵律感。

（五）根据色彩的采集与重构进行服装色彩设计

在利用写生或摄影等手段从自然色和人文色中汲取色彩灵感后，我们需要对收集来的色彩资料进行重构整理。色彩的重构是对采集素材的色彩进行分析、概括，提取契合设计意图的色彩，从色彩的总体需要展开取舍与合并；也可寻找采集图片与设计物之间意义吻合的相似性、内在关联性，组成全新的色彩。色彩的重构是进行服装色彩设计的第二步。例如：古典主义服饰风格色彩高雅，色调统一协调；现代主义服饰风格有象征高新技术材料的金属色、塑料色，促进了对比色和高明度色的流行；后现代主义更加多姿多彩，强调异域风格的民族风和多种元素的组合，提倡回归自然的休闲主义服饰风格，促进了环保色、田园色的流行，唤起人们对环境问题的重视。这些艺术风格通过色彩、面料、款式造型的重构变化，共同塑造出一种全新的服饰格调，赋予服装丰富的文化内涵。

重构整理包括归纳重构和创意重构两个方面。归纳重构是在遵照原始图片的整体色彩结构的基础上，将复杂的画面概括成几何图形，同时对其色彩进行整合取舍，是最为直接的重构整理形式。创意重构是以原始图片为依据，通过想象和发挥，找出图片与设计作品之间的内在联系性和外观的相似性。学习创意重构整理的目的是为了培养设计者的想象力和创造力。重组结构的色彩面积比例可以基本尊重原图片的色彩比例关系，也可以打破原有的比例关系，形成新的构成形式。

（六）根据色彩三要素进行服装色彩设计

色彩三要素是指色相、明度和纯度。利用色彩三要素，从不同的色相、不同的明度、不同的纯度组合出发进行服装色彩设计，可以培养和训练对色彩的感觉。

1. 利用色相要素进行服装色彩设计

以色相为主的服装配色主要反映色相环中两个或两个以上的服装色彩组合。它包括三种配色方式：类似色相的配色，对比色相的配色，互补色相的配色。

2. 利用明度要素进行服装色彩设计

选择同一色相与不同明度的色彩相配，可以组合成高明度的配色、中明度的配色、低明度的配色的服装色彩搭配方式。

3. 利用明度要素进行服装色彩设计

色相环中两个或两个以上的色彩组合成高纯度的配色、中纯度的配色、低纯度的配色的服装色彩搭配方式。

第四节　影响服装色彩设计的因素

一、服装面料

面料就是用来制作服装的材料。面料不仅可以诠释服装的风格和特性，而且直接左右着服装的色彩、造型表现效果。人对色彩的情感体验来自对色彩物理属性的直观感知导致的相应心理变化，即对色彩的三大要素——色相、明度和饱和度的感觉体验。除此之外，即使是三大要素完全一致的色彩，也会因为材料的质地和肌理感，色彩所处的环境、位置以及面积大小等因素的不同而给人不同的感觉，从而使人产生差异化的情感体验。例如黑色的丝绸和黑色的粗纺羊毛织物之间的色感差异就十分明显。

面料的材质肌理对色彩的影响十分明显，设计师在进行服装色彩搭配时，应该充分利用色彩和面料之间的关系进行色彩搭配设计。服装色彩与面料的关系主要有以下几种。

1. 服装色彩与面料视觉效果之间的关系

面料的表面肌理变化是面料视觉效果之一，肌理的变化在很大程度上影响了色彩的最终体现。通常来讲，表面肌理变化大的面料，其色彩的表现并不是单一的，而是呈现出一种灵动变化的效果；表面肌理变化小的，甚至没有什么变化的面料，其色彩则呈现出强烈而单纯的感觉。这样的变化常常被用来丰富服装的色彩效果，为了打破单一色彩给整套服装带来的简单感，设计师常利用面料的不同表面肌理设计变化，其效果微妙而细腻，单纯而不单调。这样的例子还有同色的粗糙面料与光滑面料、同色的平纹面料与提花面料、同色的素色面料与色织面料以及同色与不同装饰变化的面料等。利用色彩和面料之间的这种关系，既可以进行单款的色彩搭配，也可以进行系列服装色彩搭配，尤其是后者，在一系列的同色服装中，面料质地的变化成为丰富色彩视觉效果的最佳手段。面料的视觉效果还有透明和不透明之别，这样的差别会使服装色彩在饱和度及明度上产生变化。透明面料服装的色彩会与背景色彩融合，从而产生出一种新的且相对柔和的色彩效果，而不透明的面料色彩如同固有色般稳定而饱和。

面料的视觉效果有花色和素色之分。花色面料包括印花面料、提花面料和色织面料三种，每一种面料都由于不同的工艺手段而呈现出不同的外观艺术效果，尤其是花型和色彩之间的搭配更令花色面料多姿多彩。一般来讲，利用花色面料进行服装设计时有多种配色方式：一是全身使用花色面料，这种方式与单色配色的方法类似。服装面料由于花色已经具有丰满的色彩效果，因此无须过多地使用其他色彩进行配搭，而且服装款式也应该选择相对干净利落的结构处理；二是将花色面料中的任意一种色彩提炼出来，与花色面料进行搭配，这种方式既能够保持花色面料丰富的视觉效果，又能够用素色面料来稳住过于花哨的图形，衬托出花型的变化，这种方式是服装配色方法中较为常见的一种；三是在花色面料的基础上再加入强烈的色彩装饰，这种配色方法常见于需要展现华贵或民族气氛的风格主题中，设计师会根据花色面料上已有的色彩调性，选择与其形成对比的色彩来进行强调，从而使整件服装或整个系列服装更加色彩缤纷。

2. 色彩与面料触感之间的关系

服装面料区别于其他工业造型所需的材料，与人体及人的动态有着十分密切的联系，因此，面料与人体接触时感觉是否舒适是服装面料评价的重要标准之一。面料的触感与人之间本身就具有情感层面的联想，色彩的加入更强化了这种关系。一般而言，在同种色彩的前提下，触感轻柔的服装面料，其色彩也表现出相对柔和的个性；而触感坚挺的服装面料则传达出一种相对强烈明确的色彩效果。

二、款式造型

在进行服装配色设计的过程中，除了要注意色彩与服装面料之间的协调外，还应该考虑服装色彩与款式造型之间的关系。服装的款式造型由外轮廓造型和内部结构变化两个部分组成，一个是塑造服装的整体大块面积，另一个则是丰富服装的线型结构和样式变化，当然这两者之间也是相辅相成的。外轮廓造型决定了内部线条的走向，而内部结构则构成了外轮廓的基本形状。色彩在这两者之间起到了烘托的作用，并对服装款式造型起到风格体现的强化作用。一般来讲，外轮廓造型变化较大且内部结构复杂的服装款式，在色彩的配置上相对比较单纯，这样才能突出造型的变化，而不是起干扰作用；反之，造型简单的服装款式，在色彩的配置上就可以大胆而丰富，使服装的整体视觉效果更加丰满。不过，这样的处理方法并不是绝对的，尤其是近几年来，打破传统配色方式的例子数不胜数。

三、服装图案

服装图案与色彩设计之间的关系是相辅相成、密不可分的。首先，色彩设计的大致方向必然会受到服装图案的影响，图案的构成需要合理的配色。其次，服装图案想要更鲜明、更有特色，就需要得到色彩的衬托。色彩的明度和纯度都能让图案更美观，服装图案和服装配色能够组成一个有机整体。图案的款式、纹样众多，既有单独成图的纹样，又有数个图案组组合起来的连续纹样。连续纹样配色复杂，既有单色图案，又有多色图案。所以在进行服装色彩设计时，要重视图案的配色，将图案纳入整个设计方案，让服装整体色彩看起来搭配得当、形式统一。

（一）几何图案

在服装图案中，几何图案是较为常见的图案。几何图案的类型有两种，一类是有规则的，另一类则是没有规则的。有规则的几何图案包括常见的条纹、方格纹、波浪纹等，还有一些正方形、三角形、长方形等有规则的图形。无规则的几何图案则是指抽象的、自由的几何图形。几何图案的配色并不是随意的，要遵循以下几项原则。

（1）配色要注重协调呼应。一般来说，服装的基本色调要和图案中的主要颜色相同，配色也应该类似。

（2）配色要注意形成对比。为了形成视觉反差效果，让服装图案更清晰、更美观，在进行色彩设计时可以选用与服装主色调在明度和纯度上形成对比的色彩，让服装图案的效果展现得更加淋漓尽致。

（二）花卉图案

除了几何图案，花卉图案也是服装设计特别是女装设计中应用较为广泛的一种图案。花是五颜六色、充满美感的，当它变成图案应用在服装中时，也要展现出它灿烂夺目、鲜艳明媚的一面，所以花卉图案的颜色一般都是两种以上的。在对花卉图案进行配色时，首先要选择一个重要色带作为服装的主色调，也就是给整件服装的色彩设计了一个主题方向。确定好设计的主题方向后，设计工作自然就能轻而易举地进行了。在进行花卉设计时，图案一般会呈现出两种不同的样式。第一种是单色的花瓣，自然雅致；第二种则是花纹纹样配色，丰富多彩。

花卉图案常用以下几种配色设计方案来呈现出不一样的美感。

（1）用相同色系或是相近色系进行配色。这是一种常见的、极少出错的配色方法，一般应用在风格温柔典雅、款式古典优雅的女装的色彩设计中。

（2）用无彩色原则进行配色。这是一种保守的配色方法，使用的色彩基本是黑白灰这种冷色系或是金银二色，这种配色和绚丽夺目的图案搭配在一起显得十分和谐，相得益彰。

（3）用明度对比原则进行配色。这是一种突出了色彩明度和暗度差异对比的搭配方法。服装的配色取决于图案的色彩，如果图案应用了明色调，那么服装的配色就会应用暗色调，图案与服装形成对比，凸显了服装的美感。

（4）用补色对比原则进行配色。这种配色视觉效果非常强烈，一般应用在民族风格突出或是设计风格前卫大胆的服装中，这种鲜明的补色能够给服装增添不一样的设计特色和独特的艺术魅力。

（5）用纹样色彩量反向性质的原则进行配色。这种原则也是应用花卉图案的服装所特有的，服装的纹样造型可以同花卉相近，但是在色彩设计上，要完全相反。比如色彩浓烈的花卉可以配上无色彩的布料，花卉色彩明度高，布料纹样明度就低。这种配色特征最典型的服装成品是波希米亚风格的女装。

（三）人物和动物图案

当人物和动物图案应用在服装设计中时，往往会是整个设计的焦点，所以一般来说，图案的颜色会十分醒目。在进行色彩设计时可以采用衬托的方法，服装色彩同图案的色彩可以是一个色系，但是明度要低一些。也可以采用纯度对比的方法，服装色彩纯度的选择与图案颜色纯度完全相反，服装上的人物和动物图案不应该占据过大的位置。为了让图案的视觉效果更深刻，配色应该大块且完整，色调也应该协调统一。

（四）卡通漫画图案

随着时代的发展，卡通漫画逐渐成为现代服装设计中经常应用的元素。这种图案使得我们能感受到轻松和愉悦。要想使卡通漫画图案的视觉效果更加突出，配色应该增强和图案之间的对比性，故使用和图案在明度和纯度上形成对比的色彩显然是个好方法。

第二章　服装色彩的形式美与图案美设计

服装色彩设计有多种不同的类型，其中形式美设计与图案美设计是服装色彩设计中最常见的两种方式。本章主要探讨了服装色彩的形式美设计与图案美设计的基本内容及设计思路，对于服装色彩设计实用性的提升有一定的现实意义。

第一节　服装色彩的形式美设计

一、服装色彩设计的形式美法则

（一）均衡

1. 均衡的含义

均衡并不是色彩中的名词，但当均衡应用在色彩设计中时，是指色彩搭配要合理、适宜且保证美观，能够让人产生和谐、安稳的色彩观感。

2. 均衡的形态

（1）对称平衡。

首先是左右要对称平衡。正常来说，人的左右都是对称的，所以也可以将其称为绝对均衡。由于人体形态如此，所以服装也是这样左右对称，相互平衡。左右对称的衣服一般庄重典雅，但缺少活泼灵动之感。由于人体不会一直静止，处于一个动态的环境中，所以能够产生一种朝气和活力，在一定程度上弥补了这部分缺失。

其次是中心对称。由于对称的中心点实际上是放射点，所以中心对称也叫放射对称。这种对称是以相同角度排列的对称形式。

然后是回转对称。回转对称状如风车，虽然中心线的左右形状和大小相同，但是回转对称会一直变换，移动和旋转都会改变其对称形态。回转对称并不是完全静止的，而是静中有动，动静相宜。

最后是放大对称。这种对称形状不变，但是大小会发生变化。水波圈纹样是这其中比较典型的样式，这种对称动感十足，是服装设计中较为常见的设计方法。

（2）非对称均衡。

非对称均衡就是指我们的观感仍然会感到稳定和和谐，但其实中心点和中轴线两边的形状和大小都是不相同的。非对称均衡虽然存在差异，但人们的观感仍然是相对稳定且平和的。而且与对称均衡不同的是，非对称均衡状态下的服装设计和色彩设计都更加生动有趣，灵活多变，故而这种形式也是常用的美感设计形式。

（3）不均衡。

不均衡就是指以中轴线或是中心点为准，两边的形状、大小都完全不同。人们看到这些设计时，心理状态会感到十分不稳定，所以这种不均衡的形式一般被认为是没有观赏价值的。但是，在某些特定的环境下，这种天马行空、奇形怪状的形式美可以被看作是一种新的美感形式，这种美感也越来越能被人们接受。

一般来说，不均衡的服装以及色彩设计有以下两种形式。

第一，服装款式对称，色彩不均衡。

第二，服装款式不均衡，色彩也不均衡。这种形式一般不会应用于日常服装中，大多是应用在礼服、表演服或是走在时尚前沿的前卫服装中，能让人眼前一亮，赞叹不已。

不过这种不均衡的服装设计也很容易让人留下怪诞、不美观等消极印象。

（二）比例

1. 比例的含义

服装色彩设计中的比例是指服装不同部位使用的不同色彩都是按比例关系分配的，整体与部分、部分与部分之间都有着相应比例。

2. 比例的类型

（1）理想比例。

理想比例，顾名思义，就是符合预想的比例，又有黄金比例之称。服装的色彩设计如果按照理想比例去分配，服装就会充满自然和谐之美。不过，虽然黄金比例能给人带来美的享受，但是服装设计要尽量避免过度应用它，因为即使是再美的东西，当它变得随处可见后，也会失去对人的吸引力。

（2）非理想比例。

我们生活的环境是一个动态的环境，世上的事情时时刻刻都在发生变化，所以理想比例不会一直存在。于是，非理想比例逐渐被广泛应用起来。这种非理想的、没有经过预先计算的比例，灵活且变化多端，不能用一个准确的数字来表明。

（3）流行比例。

流行比例是指当下最受欢迎的服装比例。一般来说，这种流行服装沿用并创新了以往的比例数值。一名合格的服装设计师最需要把握好这种流行趋势，时刻走在时尚的前端。

（三）节奏

1. 节奏的含义

节奏一词，通常出现在声乐艺术之中，指的是音符或是曲调有规律地重复或是有强弱交替地间隔，人们可以依靠听觉或是视觉感受到这种节奏美感。当节奏应用到服装色彩设计中，色彩的色相、纯度、明度的变化以及色彩的位置或面积的变化、重叠等都让色彩具有了节奏之美。

2. 节奏的形式

节奏的形式多样且具有重复性，重复性节奏可以分为两种，简单的重复性节奏和复杂的重复性节奏。简单节奏的重复用时较短，这种重复具有周期性，有规律、有秩序地反复呈现，如四方连续图案的面料（特别是条、格纹样）及二方连续装饰花边的使用等，均能体现出节奏美感。重复性节奏颇具音乐性，渐变有色相、明度、纯度、面积、冷暖、互补、综合等多种表现形式。

（1）定向性节奏。

也称渐变式节奏，指将服装色彩按某种定向规律做循序排列组合，它的周期时间相对较长，形成由浅到深、由鲜到灰、由大到小、由冷到暖等布局。定向性节奏给人以反差明显、静中有动、高潮迭起、光色闪烁等奇妙的审美体验。

（2）多元性节奏。

也称复杂节奏，它由多种简单重复性节奏或渐变性节奏综合应用而成。这种多元素按一定规律排列组合的效果，有时也称之为韵律或旋律。它具有动感强烈、层次丰富、形式多变、优美悦目的特征。但是，如处理不当，易产生东拼西凑、杂乱无章、"噪色"扰人的不良感受。

色彩节奏感是服装整体形式美的一个组成部分，在形成不同风格的服装设计中起着至关重要的作用。

（四）强调

强调在服装色彩设计中是为了让色彩配置更加多样。强调就是将一个原本普通的颜色作为重点关注对象，将其摆在中心位置上重点表现出来，从而打破了原本色彩设计没有中心或是中心太多但都不突出的状态。色彩的强调能够轻松抓住人的注意力，同时可以保证色彩平衡，促进不同色彩之间的相互联系。

从色彩的性质上来看，强调色，顾名思义，应该是颜色强烈、特色鲜明的色彩，这样才能将色彩设计的中心传递给人们。所以强调色大多是纯度较高且和整个服装的主色调形成对比的颜色。强调色的应用面积极小，这是为了让人能迅速发现这个中心点。强调色的位置通常都会处于让人能一眼发现的中心位置，比如说人们较为重要的头部和胸部以及腰部等。以一件衣服为例，上面画有三个图案，人们第一眼记住或是最有印象的往往都是中间位置的图案。最没印象或是最容易最忽视的则是边角上的那个。所以，强调色不仅要注意颜色的选择，还要注意其所处的位置。多数情况下，强调色都会隐藏在能给服装带来画龙点睛效果的配饰的色彩上，并且这些强调部分要注意适量，不然便会分散人们的注意力，强调色的效果也就大打折扣了。

（五）关联

关联应用在色彩中就是指服装各个不同部位之间存在着色彩呼应的关系。这种形式美法则是服装配色中最常见的配色方法之一。为了得到更好的服装效果，服装中的色彩一般不会单独出现，而是要与其他各个部位发生呼应关系。服装设计师在选用色彩时，主要考虑的是什么人在什么时候穿上这件衣服，所以颜色选择会因为穿衣对象的不同而不同，服装色彩风格也会发生大变化。

设计师在进行服装设计时，一定要谨慎处理服饰整体和服饰局部之间的呼应关系。除了衣服的各个部分，色彩的形状和质感也是促进呼应关系产生的重要因素。在进行服装配色时，色彩主次关系的重要性不容忽视，只有分清主次、搭配得当的色彩设计才能取得更好的视觉效果。关联色彩的选择也十分重要，应该优先使用服装设计中最为明显的色彩，这样可以将人们的视线牢牢抓住，并通过色彩信息发现其中蕴含的节奏美和韵律美。

（六）主次

主次是指多种要素相互之间的关系，是对事物局部与局部、局部与整体之间组合关系的要求。

任何艺术形式都要有一个表现主题，如同音乐当中的主旋律，其他部分都是为主题服务的，均处于附属地位。服装配色的道理也一样，要想在众多的组合因素中使各部分色彩之间产生协调感、统一感，最重要的是要在诸多因素中明确一个主调色彩，使之成为支配性色彩，而其他色彩则与之存在一定关系，做到主调明确、主次色彩相互关联和呼应。

在具体服装配色中，一套服装中出现的各种色彩之间的关系不能够平均，要有主次的区别。占主导地位的色彩要考虑安排最大的面积，然后适当配以小面积的从属色或者强调色。主色决定了服装的主色调，它应该有一种内在的统领性，制约并决定着次要色彩的变化；次要色彩对主要色彩起着烘托和陪衬作用。服装配色应做到用色单纯而不单调，层次丰富而不杂乱。

人们的视觉倾向往往是统一的、简单的，好看的东西人人都喜爱，故而越是艺术表达效果高、感染力强的形式和色彩越是容易被人们牢牢记在心中。服装色彩的单纯化并不是单一化，不是说只用一种或是极少数量的颜色进行色彩设计才能实现服装的视觉效果。简单来说，一枝红梅艳丽多姿，尽管从花瓣到花心都是红色的，但这红色也发生着微妙的变化，让梅花变得内涵丰富，韵味极强。服装的单纯化实际上是指在衣物配色中，不再使用更多的颜色进行配色，而是通过尽可能少量的色彩和简单的配色来实现服装的色彩之美。这也就给服装设计师带来了启示，用单纯的色彩效果实现永恒的美感。

二、服装色彩的形式美设计手法

（一）呼应

1. 呼应的含义

又称照应，它是形式美反复性节奏在服装色彩设计中体现的常用传统手法。无论是设计服装单品还是套装，乃至服饰配件的色彩，往往都不是单一、孤立的，而是设法使处于不同空间和位置的某些色彩重复出现，呈现你中有我、我中有你、彼此照应、总体统一的态势，从而取得平衡、节奏、秩序、和谐等综合美感。

2. 呼应的手法

（1）分散法。

使服装的不同部位同时重复出现某些色彩。通常是在领口、袖口、袋口、裤口、胸口、摆边、襟边、杈边等部位，运用传统工艺做装饰处理，手法有滚、嵌、镶、拼、烫、盘、镂、贴、绣、绘、扎染、蜡染等。如中式大红织花外衣，在领、肩、袖口、斜襟等处，用宝蓝、金、白三色的花边及面料做重复镶、拼，这种既锦上添花又浑然一体的服色效果，给人以精心设计、精心制作的精品之感。但是，分散手法的应用也要适可而止。

（2）提取法。

服装面料多样，既可以使用花色面料，又可以使用单色面料，还能将这两种面料组合起来。当两种面料组合使用时，服装的单色可以是从花色中提取的某种颜色，这样应用了两种面料组合的服装看上去会变得更加和谐、统一，让人感觉到一种整体上的视觉美感。

（3）综合法。

将提取法和分散法结合起来，共同应用在同一件时装的色彩设计上，会取得一加一大于二的视觉效果，会让服装看上去和谐美观，变得既高级又精致。

（二）渐变

1. 渐变的含义

渐变是服装色彩元素在用量上增多或减少的规律性变化，是服装色彩设计中较为时尚的一种应用手法，能够体现出定向节奏的形式之美。渐变在服装色彩中的变化并不突兀，而是平稳变化、无声过渡的，这无疑能让人感受到一种自然、和谐的视觉美感。中国唐朝时期的"晕花"就体现了渐变的艺术美，这种时尚感强烈的色彩设计目前仍在世界范围内被使用。

2. 渐变的手法

（1）色相渐变。

色相渐变，顾名思义就是服装色彩按照色相环的顺序进行排列的形式。这种形式纯度高，色相多，既能使用全色相顺序，又能使用部分色相顺序。只要排列顺序恰当且有秩序，色相渐变就能给人带来华丽、夺目、震撼人心的视觉效果。

（2）明度渐变。

服装色彩按照颜色的明暗程度进行排列，从浅色到深色或是从深色到浅色的顺序来排列，比如深红色→中红色→浅红色→白色这种让人一目了然的组合。这种渐变和谐过渡，有序变换，令人赏心悦目。

（3）纯度渐变。

纯度渐变是服装色彩按照鲜、中、灰或灰、中、鲜的同一色相等级有序排列，使其发生颜色变化的组织形式。

（4）面积渐变。

面积渐变是服装色彩根据色块面积的大小按照从大到小或从小到大的有序排列发生渐变的组织形式，这种变化虽然平静但是却蕴含着强大的活力，富有动感。

（5）综合渐变。

综合渐变就是将上述两种或两种以上的手法结合起来，综合运用，比如说将色相渐变和面积渐变融合起来，色相渐变和纯度渐变融合起来。这样的应用效果更加丰富美观，有极强的视觉美感。

（三）重点

1. 重点的含义

很多单色设计的服装为了避免单调，会使用小面积的色块来做点缀，增强服装的美感。这种点缀就是重点，是形式美比例应用在服装色彩设计中的常见手法。作为重点的小面积色块能够吸引人们的目光，成为整件衣服设计中不可或缺的亮点。

2. 重点运用中应注意的问题

（1）小面积。

重点色块的面积一定要小一些，不然便会占据主色的位置，破坏了服装色彩设计的整体和谐。当然，重点色的面积又不能过小，如果过小就会融入周围的色块，不再鲜艳。所以重点色块的面积应该恰当适宜，让整体色调既显得多样丰富又和谐统一，如此才能起到画龙点睛的作用。

（2）相反色。

相反色应该是同主色调大相径庭的对比色。不仅在色相、明度和纯度这几方面有区别，在材质、肌理等方面也要有差异。相反色选得合适，才能在占据最小位置的情况下依旧发挥出巨大的效用。相反色通过和主色调在颜色以及质感上的对比并互相衬托，让整个色调充满活力，进而突出整个服装的设计目标。色彩的对比方面可以是闪亮与黯淡、深色与浅色、冷色调与暖色调等不同的色彩元素。

（3）重位置。

重点色的位置也是关系到它是否能发挥画龙点睛作用的重要因素。重点色的位置基本是在视觉中心的，最佳位置位于头部以下、腰部以上的上半身位置。当然，这个位置还是需要灵活选择，必须要在符合服装设计要求的前提下，合理布局，耐心挑选，最终才能抓住人们的目光，让人们能感受到这件衣服的设计思路和审美情趣。

（4）少数量。

重点色块的数量要少而精，一般来说，一套服装只有一个重点。重点过多很容易造成主次不分的情况，会给观众留下杂乱无章、混乱分散的不良印象。除了少部分后现代主义中杂乱风格的服装设计，其他服装都应该谨慎选择重点。

（5）配服饰。

重点色虽然重要，但是不能喧宾夺主。在很多服装设计中，重点色通常出现在配饰上，一条项链、一块围巾、一对耳环、一枚纽扣等都可能是这件衣服的重点。这种把服装和饰品融在一起的设计能够突出服饰的艺术美感。不过，装饰应该适量适度，过度装饰很容易画蛇添足。

（四）阻隔

1. 阻隔的含义

阻隔的字面意思就是阻挡、分隔，在这里是指色块之间用其他色彩作为阻隔。

2. 阻隔的方法

（1）强对比阻隔。

强对比阻隔就是在色相对比强烈的高纯度色之间嵌入其他色彩来进行阻隔，这样就避免了因为颜色过于浓烈而产生的刺目感。嵌入阻隔后，色彩的强度得到保持，配色也不再刺目，产生了新的、更加和谐的色彩效果。一般来说，阻隔会采用无彩色系的黑、白、灰以及金、银二色，其中黑色和白色是设计者的第一选择。中国古典建筑则多用金色作为阻隔，给建筑增添了富丽堂皇的气质。

（2）弱对比阻隔。

当服装色彩和各方的色相、明度、纯度等要素反差不明显时，就会暴露其风格模糊、平板的弊端，此时想要克服这些弊端，就需要用其他色彩来阻隔。这样可以让色彩之间泾渭分明，既保证色彩形态清晰准确，又保证原色调不失去柔和、高雅的特征。

三、服装色彩调整的方法

（一）统调

1. 统调的含义

统调从字面意义上看就是色调统一的意思，在这里是指不同的颜色共同推选一个它们都有的色彩元素来调控全体颜色。这样才能保证整个颜色组合和谐统一，具有视觉美感。

2. 统调的方法

（1）色相统调。

色相统调就是服装色彩配色组合应该含有相同的色相，比如黄绿色、蓝色、紫色就可以组合在一起，并由蓝色进行统调，这样配色的视觉效果才会既有对比，又非常和谐。

（2）明度统调。

明度统调就是服装色彩配色组合要通过加入白色或是黑色的方式来调控色彩明度，让整体色调始终保持一个近似的色彩明度。

（3）纯度统调。

纯度统调就是服装色彩配色组合通过加入灰色的方式来调控色彩纯度，让整体色调都由灰色统一成一个色调。

不过，服装色彩完全统一并不一定会取得好的效果，所以重点色块或是配饰的调节也是不可或缺的。

（二）透叠

所谓透叠，就是指相互重叠的两个物体不会遮挡对方的轮廓或者形体，而是能够同时显现，并且能够产生另外一种表现手法。在服装设计中，也常出现有关透叠的设计，一般是借助服装面料的色彩来制造出这种效果。透叠的设计常常给人一种清爽、轻快的感觉，因为特殊的面料色彩总是能够营造出一种若隐若现的朦胧感觉，让人觉得十分有趣。人们在生活中最常见的透叠设计就是透视装了。

运用透叠的手法，要选取恰当的服装面料，常见的适合做透叠设计的面料都是较轻薄的，而且需要呈半透明状，一般来说，丝绸、绢和纱等都可以，这些较为轻薄的面料与一些精美的图案相结合，就能在视觉上产生一定的对比。实际上，这种形式的服装设计，在我国古代就曾出现过，例如唐朝妇女就很喜欢穿一些透、薄、露的衣裙，这一点在一些唐代画家的绘画作品中就可以体现出来。

除此之外，随着时代的进步，人们意识到穿衣时露出身体皮肤也是一种形式的美，因此也在实际设计中采用一些镂空的手法，并适当加一些精致的蕾丝来形成完美的配合，从而得到意想不到的设计效果。

（三）层次

1. 层次的含义

对于服装色彩的层次，可以理解为能够给人一定的空间感和距离感，更多了一些立体性。服装色彩能够做到层次分明并不是一件简单的事情，需要按照色彩的属性做好层次的叠加，一般会采用对比的方式加深服装色彩的层次感，这样在不同色调的对比之下，层次感就会变强。一般来说，层次有平面层次和立体层次之分。

2. 层次的类型

第一种，平面层次。这种层次就是说服装色彩的层次展现是在同一个平面上完成的，不管是何种色彩的组合方式都会在同一平面中。服装色彩设计中，平面层次的设计主要由担任面料图案设计的人员完成。

第二种，立体层次。立体就意味着服装色彩要体现出一定的空间感，给人以视觉上层次分明的感觉，这种需要服装设计师花费更多的时间与精力。

当然，在实际的设计中，因为服装面料的质地不同，所以在组合使用时也会出现一定的层次，这种特别的层次也可以被利用在层次感的设计之中，产生出乎意料的效果。

第二节　服装色彩的图案美设计

一、服装色彩与图案造型的关系

（一）统一

统一在某种程度上意味着服装色彩与图案造型达到一定的和谐，它们可以完美地融合在一起，达成更具美感的设计。同时，服装色彩与服装图案统一还可以是这两者的颜色相同，也就是说面料的颜色与服装的颜色是一致的。在服装设计中，设计师一般会对服装做一些与服装面料颜色、图案颜色相符合的装饰，这样服装的色彩与图案的色彩就可以形成统一。

（二）衬托

衬托就是指服装图案和服装色彩需要一方给另一方做陪衬，从而形成一种调和或者对比。一般情况下，是服装图案来辅助服装的色彩。对于服装图案色彩的处理，首先要考虑的是是否与服装设计的整体风格相适应，其次就是要通过一些处理使服装的风格更具特色。服装图案造型一方面要为服装色彩增砖添瓦，另一方面还不能破坏其原本的色彩基调。衬托也会利用一些局部的色彩装饰为面料增加一些鲜明的色调，目的是为了保证服装整体的色彩效果更加丰富。

（三）凸显

凸显是为了形成强烈的对比，经过这种处理，服装图案就可以在服装原有的面料颜色中跳脱出来，形成明显的视觉效果。通过凸显的设计，服装图案就具备了一定的独立性。特别是在一些具有特殊含义的服装设计中，服装图案的色彩起着十分关键的作用，可以通过其强烈、鲜明的特征第一时间吸引眼球。

二、服装色彩设计中图案的配色方法

（一）衬托法

衬托法的关键在于色彩之间的烘托，即要利用色彩原本的属性，通过明度与纯度的结合，以对比的方式实现图案色彩之间的搭配，形成衬托的关系。衬托的最终目的是为了突出服装整体的图案风格，展现整个服装的主题。

（二）呼应法

呼应法意味着可以在服装图案的所有色彩中选择一种运用到服装的色彩搭配中，这样图案的色彩与服装色彩就在一定程度上产生了关联性，从而形成某种呼应，由此可以加深服装整体的协调感。

在实际运用呼应法进行配色时，为了避免色彩之间过于相近难以产生一定的对比，可以采取适当的方法拉开色彩之间的距离，这样能使设计更有个性。

（三）点缀法

点缀法即在细节之处进行设计，从而产生画龙点睛的效果。一般点缀法主要用在服装配饰上，点缀的色彩要同服装的整体形成一定的对比，才能更加展现服装的主题。点缀的设计可以吸引人的眼球，但是不能破坏服装的整体风格。

（四）缓冲法

缓冲法是为了解决因服装图案色彩过多而造成的视觉混乱现象，一般会选取一些单一色来缓解色彩过于丰富的情况，使服装色彩设计能够协调一致。缓冲的色彩选择通常以无色系中的黑、白、灰等颜色为主，这种搭配可以减少人视觉上的刺激，形成一定的视觉缓冲。

三、服装图案色彩的处理方式

（一）模拟处理

模拟处理指服装图案的色彩出自对现实原型"固有色"及其色彩关系的模仿，譬如若以菊花为题材，就按花的黄色、叶的绿色如实为图案赋色；若以热带鱼为装饰母题，则将其斑纹的色彩配合、比例分布如实地运用到图案中。还可以将一些绘画或艺术品的形象作为服装装饰，其色彩也基本不变地直接用于服装，如希腊陶瓶、京剧脸谱，应极力保持其原有的色彩面貌和色彩关系。模拟处理可使服装图案形象接近原型，以至容易引起观者的共识，让人感到真实、熟悉、亲切。现代工艺技术的飞速发展，为服装图案色彩的模拟提供了极大方便。但就服饰的实用品格、图案与服饰的默契程度而言，色彩的这种模拟处理是有一定局限性的。

（二）传移处理

传移处理指服装图案的色彩源于对某种现成的色彩关系的利用，而不以原型的形象为赋色框架。之所以要略去其形象因素，仅仅传移原型的色彩关系，是为了使服装图案在色彩上既能够更自由地表达设计者的审美意向和设计意图，又能够更充分地适合服装本身的形式格局和色彩基调。在一定意义上，传移处理是一种抽象性的模拟，它并没有完全抛开原型。它所具有的与原型若即若离的联系，使服装图案色彩富有暗示性和源自生活的诗般意蕴，以至令人产生兴味无穷的审美联想和不落形迹的回归自然的亲切感。因此，这种色彩处理方式深受服装设计师的喜爱，并在服装设计界广泛流行。

1. 理性传移

理性传移指经过精确的分析和计算，对原型的色彩关系包括基本色相及各色所占面积的比例，加以归纳总结，排列出色相比例表，然后依据比例表将相应的色相运用于服装图案上。这种处理方式，可以比较准确地传达原型色彩的基本面貌和内在关系，如以蝴蝶色谱、彩石色谱或敦煌壁画色谱为依据的图案配色处理即属此类。

2. 感性传移

感性传移指凭直观感受对原型的色彩关系加以概括和归纳，形成明确的色彩配比印象，然后依据这种印象对服装图案做相应的色彩处理。与理性传移相比，这种处理方式带有更强的主观性，图案色彩面貌往往因个人色彩感的差异而不尽相同，如彩陶色彩印象、漆器色彩印象，某幅风景图片的色彩感觉等。

（三）表意处理

表意处理指服装图案色彩的处理完全根据服饰的特点，在对可能影响服装图案色彩效果的有关因素做出综合考虑的前提下，充分发挥设计者的主观创意，自由调遣色彩形式的表现力，以达到理想化的图案色彩设计效果。我们平常所接触的服装图案大多是以表意方式处理色彩的。它不受现实事物色彩关系的限制，灵活多变，适应性极强。

四、服装图案色彩设计的注意事项

（一）色彩面积不能平均分配

服装图案以对比色或互补色进行组合配色时，色彩面积在分量上不能平均分配，而应以一种或一组色彩为主，形成主色调。

（二）大面积的弱色，小面积的强色

这是一条重要的调和原理，所谓强色是指较高明度与较高彩度的颜色，所谓弱色是指含灰度较高的色彩。大面积的含灰色，减少了视觉的刺激；小面积的强色，可产生注目性，是使色彩产生生动性和趣味性的关键。服装图案的色彩配置要特别注意服装图案与面料底色的面积比例，如果选用对比色相，最好拉开两色相之间的明度或纯度差。

（三）选择适当的主打色

色彩不单是色与色的组合问题，还与色彩的面积、形状、肌理有关。要按一定的计划和秩序搭配颜色，主次应分明。

服装图案中不同颜色的色彩面积比例直接影响最终的视觉效果。应当使该服装图案中的某个色彩占据主导地位，并且纯度低的色彩面积应当大于纯度高的色彩面积。如果服装图案是以高明度为主，那么服装图案设计应能创造明朗、轻快的气氛；以低明度为主时，能产生庄重、平稳、肃穆、压抑的氛围。

（四）色彩多少与色彩对比

服装图案是为服饰设计做准备的，往往因工艺和成本的制约而限制图案的用色套数。一般来讲，服装图案用色套数少，如处理不好，易使画面的色彩单调、缺乏变化；用色套数多，如处理不当，则易使画面色彩杂乱。若运用得合理，套数少可以使画面效果单纯、强烈、醒目；套数多则可以使画面效果柔和丰富，增加画面的层次感与深度。

在用色习惯上，用色套数少时，可选用在色环上距离较远的色相，这样可避免因套色少而造成色彩单调。用色套数多时，可增加一些主要颜色的邻近色以及在明度、纯度上的过渡色，类似黑白画中的深、浅灰色，加强画面形象的层次感，使色彩更丰富。

（五）灵感汲取

从配色方法的角度讲，我们可以从我国众多的民间工艺中汲取灵感，如泥塑、年画、布老虎等，它们是劳动人民智慧的结晶，反映了各族人民的审美特点。从色彩美学的角度讲，它们的色彩艳丽而又沉着，清新而又质朴。泥塑的色彩主要以黑、白、红三色为主，色彩浓艳、对比强烈、趣味性强。年画以华丽鲜艳的天津杨柳青年画和温婉素雅的苏州桃花坞年画最为著名。天津杨柳青年画色彩对比强烈，常以红、绿、黄三色为主，浓艳红火，有着较强的装饰性；苏州桃花坞年画用色讲究，善用粉红、粉绿等色，色彩鲜明而雅致。布老虎是陕北、山西一带农村盛行的民间艺术，它用碎布、棉花、丝线做成，颜色以橙、红为主，质朴亲切，富有强烈的乡土气息和浓郁的乡村特色。这些色彩运用到服装图案的设计中，往往会给服装增添一种古朴典雅、让人倍感亲切的内在美。

五、服装色彩件料图案设计

（一）服装件料图案设计含义

服装件料图案是指专门为某件或某批服装特别设计的独立装饰纹样。这类服装的品种不在少数，如 T 恤衫、羊毛衫、文化衫、广告衫、运动服、礼服、时装、童装、表演服。特别是婚礼服、晚礼服及高档时装，它们往往仅此一件或成品量很少，因此物以稀为贵。其风格追求个性、时髦、精致、高贵、华丽甚至奢侈，以满足少数消费对象在高档服饰方面的个人占有欲以及心理要求。

服装件料图案形式的实施，必须要预先设定好服装的款式和尺寸，然后根据款式特点，在各部位进行色彩、图案的再设计。这种装饰要求局部服从整体，追求款式、色彩、图案之间统筹兼顾、相得益彰的精妙效果，同时应注意突出服装的设计重点，使之起到画龙点睛、锦上添花的关键作用。

（二）服装件料图案设计的程序

与普通服装相比较，上述服饰设计有其特定的程序。例如高档印花羊毛衫有如下几个设计步骤。

（1）在人台或胸架上用坯布定好立体样板。

（2）在开片上设计图案，并要严密对花。

（3）在开片上印花（或印制连续的部位印花匹料）。

（4）袖和衣身前后裁剪成片，对花缝制。

唯有按照如此严格的工序操作，成品才能严丝合缝地表现出立体的、完整的件料色彩图案设计效果，给人以新颖、精致、合适、巧妙的视觉美感。

（三）服装件料图案设计的形式

1. 单独纹样装饰

这是一种不受限制、具有相对独立性，并能单独用于装饰的纹样，是适合纹样、角隅纹样及连续纹样的基本构成单位。这类图案较少受到服装部位外形的影响和限制，但一般前后身使用较多，特别是前胸等处做部位装饰，布局较灵活、自由、多变。

值得注意的是，所用色彩纹样艺术风格应与服装的风格尽量相互协调，如中式旗袍上手绘牡丹花及竹叶图案，就显得相当匹配。

2. 二方连续纹样装饰

二方连续纹样又称花边或带状纹样，是将一个基本纹样向上下或左右反复连续而成，有左右连续的横式、上下连续的纵式、斜向的倾斜式及首尾衔接的环式等。在服装款式中，领口、袖口、裤口、裙摆、衣摆、门襟等处，是二方连续纹样重点装饰的部位。

受工艺制作条件的限制，此类装饰服装的图案与色彩不宜烦琐，以简洁为佳。

3. 角隅纹样装饰

角隅纹样也称角花或边角纹样，其图形外轮廓要与装饰部位两边及夹角严密适合，一般呈三角形、菱形、梯形等，基本形式有对称及均衡两种。服装款式上的肩育克、胸育克、门襟、领角、衣摆、裙摆、裤边等部位都是该纹样的重点装饰之处。

4. 适合纹样装饰

适合纹样必须具有与被装饰物外形轮廓相适应的特点，要求纹样完整、丰满，布局匀称、穿插自如，纹样与边框中距离的空白也应均匀。适合纹样是在单独纹样设计元素的基础上构成，外形有正方形、长方形、三角形、圆形、半圆形、椭圆形、梯形、菱形、多角形等几何形，也有桃、梅、扇、叶、鸡心、葫芦等自然形，还有文字、器物等多种形态。其构成形式有对称、均衡、直立、辐射、米格、旋转、填充、重叠、综合等。适合纹样主要运用于前胸、后背、肩、腹等处。

5. 综合纹样装饰

将上述两种或多种纹样形式同时在一件（套）服装上进行装饰设计，艺术效果将更为生动有趣，复杂多变。

但是，也要注意防止过度装饰的倾向，整件服装上的色彩和纹样排得密密麻麻，必然事与愿违，适得其反。我们可以借鉴中国画中"密不能插针、疏能跑马"的虚实处理手法，达到以少胜多、留有想象的更高艺术境界。

六、服装色彩匹料图案设计

（一）服装匹料图案设计含义

服装匹料图案是通过机器印染或手工扎染、蜡染、绘画等工艺手法，对白色或单色的面料进行加工的四方连续纹样。它的种类、花色极为繁多，是为服装增色的重要装饰性元素。

（二）服装匹料图案设计形式

服装匹料图案的设计形式相对件料图案而言，要灵活、自由得多，其分类有如下几种。

1. 纹样构成形式

以一个单元纹样进行上下、左右的连续无限扩展。排列"骨架"除了最主要、常用的散点式以外，还有重叠式、连缀式、几何条格式、自由式、综合式等多种形式。

2. 纹样布局形式

花稿尺寸和纹样基本框架确定后，还要考虑主花图案与地纹的空间比例关系，以形成不同种类的匹料供服装设计师及消费者选择使用，主要布局有如下几种。

（1）清地型。花小底色大，花清地明，感觉明快、清爽。

（2）混地型。花与底色的比例大致相等，感觉舒畅、丰富、惬意，使用率较高。

（3）满地型。纹样、图案密布，有时甚至不见底色。其效果层次丰富，华美热烈，但也易感烦琐、杂碎。

（4）其他型。此外还有后现代主义风格的拼凑型和杂乱型等，总体感觉比较新潮、另类。

3. 纹样色彩大小形式

从服装色彩设计角度而言，这是很重要的分类形式。有浅、深、鲜、灰、中五种基调的图案匹料，另外还有纹样、花形大小之分。以浅色为例，分浅底小花、浅底中花、浅底大花等不同品种，其他依此类推。如浅白底小花，底色用浅或白色，主花较小成簇状，空间适当散花，给人感觉活泼、自然、舒畅，宜用在内衣、睡衣、童装、孕妇服等类型的服装上。

4. 纹样题材、风格形式

纹样、图案之题材可以说是包罗万象、应有尽有，动物、花卉、水果、人物、风景、建筑、器皿等自然界及人类生活中的一切景物，外加抽象、想象的几何、文字、卡通等，不胜枚举。

从风格的角度分类，则有民族纹样、古典纹样、新潮纹样等。

5. 条格纹样形式

条格纹样的服装面料也有相当多的品种，由于在服装设计及制作时，存在对条、对格的难度，因此要格外引起注意。

（1）条纹类有通天条、花条、边饰纹样条、几何条、纺色织条等。以方向分有直条、横条、45 度斜条等。其色彩大多采用多色相的鲜调，宜用于睡衣、睡袍等；另有其他色彩宜用于 T 恤、运动服等。

（2）格子类有正格和 45 度斜格之分。小格纹样如朝阳格等适合用于衬衣等。大彩格多采用大红、中黄、绿、黑等配色，以暖调为主。仿苏格兰色织格，采用本白、葡萄酒红、苔绿、茶褐灰等色，有仿古的厚重感，宜用于男青年的衬衫、女青年的裙子上，颇有新潮、时尚之感，彰显青春活力。

6. 裙料纹样形式

裙料纹样面料是服装匹料图案设计中的特殊产品，说是四方连续，实际上下可无限延伸，实际上应是放大了的二方连续图案服装匹料，专门做裙子使用。

七、服装色彩件料、匹料图案综合设计

这是指在整体或整套服装上，在应用部位设计的同时，还选择了匹料图案

进行组合设计。这种形式由于色彩、图案、款式造型元素较多，并且相互融合交叉在一起，如若处理不当，很容易造成杂乱无章、画蛇添足的不良效果。因此，服装色彩、图案的总体设计极为重要，应运用呼应、相似、统调等手法，使服装各部分之间服从整体色彩效果，使配色和图案取得息息相关、多样统一、重点突出、浑然一体的视觉美感，给人以精心设计、精心选料、精心制作的高档服装的印象。

第三章　服装色彩的感性与系列设计

　　现代服装的设计要求已经不仅仅停留在功能层面上，而是要满足感官上（如视觉、听觉、触觉）和心理上（如满足感、成就感）的要求。产品人性化最主要的特点就是以人为本，为人而设计，人是设计的出发点和归宿。服装系列设计是一种常见的产品研发模式。所谓系列设计是一种以相同或相似元素所构成的服装产品组的形式，能产生一定的内在关联性以及系列主题感，同时具有独立又统一的视觉感受。无论是感性设计还是系列设计，都在服装色彩设计中发挥着不可替代的作用。本章主要对服装色彩的感性与系列设计的相关知识进行系统阐述。

第一节　服装色彩的感性设计

一、色彩的感觉

（一）色彩的冷与暖

　　色彩给人冷与暖的感受。在色相环上红、橙、黄等色具有温暖感，让人联想到火、太阳、热血等，属暖色系；青绿、青等色具有寒冷感，让人联想到冰、水、天空等，属冷色系；其他如黄绿、绿、青紫、紫等色恰好介于冷暖色之间，称为中性色。色的冷暖会因明度、纯度的改变而发生变化，如橙色中除了暗浊色是中性色外，其余都是暖色；黄色的纯色是暖色，暗色是中性色，而浊色则是冷色。

（二）色的兴奋与沉静

　　红、橙、黄等鲜艳而明亮的色彩给人以兴奋感，蓝、蓝绿、蓝紫等色使人感到沉着、平静。高纯度色有兴奋感，低纯度色有沉静感。总之，暖色系中高明度、高纯度的色彩具有兴奋感，低明度、低纯度的色彩具有沉静感。

（三）色彩的膨胀与收缩感

将数种色彩放置在黑色底纸上，比较色彩的膨胀感和收缩感，有些色彩看起来有向外扩张的感觉，称为膨胀色；有些色彩看起来较为凹下、内缩，这些色彩称之为收缩色。相对而言，色彩越暖、明度越高、纯度越高，越具有膨胀感；色彩越冷、明度越低、纯度越低，越具有收缩感。

（四）色彩的华丽或朴素感

色彩的华丽或朴素感与色相关系最大，其次是纯度与明度。鲜艳而明亮的色彩具有华丽感，浑浊而灰暗的色彩具有朴素感。有彩色系具有华丽感，无彩色系具有朴素感。色彩的华丽与朴素感也与色彩组合有关，运用色相对比的配色具有华丽感，其中以补色组合为最华丽。为了增加色彩的华丽感，金、银色的运用最为常见。

（五）色彩的柔软与坚硬感

暖色较冷色系柔软，中性色系又比寒色系柔软；单独使用的无彩色系中，黑与白较坚硬，灰色则较柔软。总之，明度高、纯度低的色彩较柔软；明度高、纯度高的色彩较坚硬。

（六）色彩的轻重感

从明度上而言，明度高的色彩具有轻快感，明度低的色彩具有稳重感。若明度相同，则艳色重，浊色轻。从纯度上而言，纯度高的暖色具有稳重感，纯度低的冷色有轻快感。若暖色和冷色同时改变纯度，那么凡是加白改变纯度的色彩变轻快，纯色变稳重；凡是加黑改变纯度的色彩变稳重，纯色变轻快。

（七）色彩的强弱感

色彩的强弱取决于色彩的知觉度。知觉度高的明亮鲜艳的色彩具有强感，知觉度低的灰暗的色彩具有弱感。色彩的纯度提高时则强，反之则弱。色彩的强弱与色彩的对比有关，对比强烈鲜明则强，对比微弱则弱。有彩色系中，以波长最长的红色为最强，波长最短的蓝紫为最弱。有彩色与无彩色相比，前者强，后者弱。

（八）色彩的明快或忧郁感

色彩的明快或忧郁感，主要与明度和纯度有关。明度较高的鲜艳之色具有明快感，灰暗浑浊之色具有忧郁感。高明度基调的配色容易取得明快感，低明度基调的配色容易产生忧郁感。在无彩色系列中，黑与深灰容易使人忧郁感，白与浅灰容易使人明快感，中明度的灰为中性色。色彩对比度的强弱也影响色彩的明快或忧郁感，对比强者趋向明快感，弱者趋向忧郁感。纯色与白组合易明快，浊色与黑组合易忧郁。

（九）色彩的舒适与疲劳感

色彩的舒适与疲劳感，实际上是色彩刺激视觉生理和心理的综合反应。红色刺激性最大，容易使人兴奋，也容易使人疲劳。凡是视觉刺激强烈的色或色组都容易使人疲劳，反之则使人舒适。绿色是视觉中最为舒适的色，因为它能吸收对眼睛刺激性强的紫外线。当人们用眼过度产生疲劳时，多看看绿色植物或到室外树林、草地中散散步，可以帮助消除疲劳。一般来讲，纯度过强、色相过多、明度反差过大的对比色组容易使人疲劳。

二、色彩的联想与性格

看到色彩回忆起某些与色彩有关的事物，因此而产生相应的情绪，这就是色彩的联想。色彩联想可分为具象联想和抽象联想。具象联想指看见某种色彩使人联想到自然界的相关事物，如看见红想到火，看见橙色想到橘子等。抽象联想指看见色彩就使人想到热情、冷淡等抽象的概念。在中国人的传统习俗中，喜事多用红色，结婚时贴红对联、红喜字，生小孩以后送红鸡蛋等，都会使人产生喜庆、吉祥的感觉。

（一）黄色（活力的装扮）

黄色可见波长适中，是高明度系的代表。在中国封建社会中，黄色是属于帝王的色彩，是权力、威严、财富、高贵、骄傲的象征；在古罗马黄色被称为高贵的色彩，是光明、期望和未来的象征；在美国、日本，黄色是思念、期待的象征；在信仰伊斯兰教的国家，黄色是死亡、绝望的象征……

黄色明度高，最有扩张力，色性不稳定，但它能带来阳光、明亮灿烂、愉快的感觉，象征温情、华贵、欢乐、热烈、跃动、任性、权威、活泼。低彩度的黄色为春季最理想的色，中明度的黄色适合夏季使用，而彩度较高的黄色则符合秋季的气氛。黄色系列服装中，棕色能起到较好的衬托作用，有效地表现了明度的层次变化，使两色间形成协调的色彩关系，避免了黄色易产生的浮躁与俗气。

　　黄色宜动也宜静，春光明媚时黄色带给人无限活力，寒风乍起时黄色释放的热情可以温暖人们。外向的女孩穿黄色更显得活力四射，内敛的女孩穿黄色能够多出几分可爱。黄色在隆重场合或平常生活中都能够找到平衡点，适用范围极广。

　　浅黄色的纱质衣服，具有浪漫气氛，因此，不妨用作长的晚礼服或睡衣的色彩。浅黄色上衣可与咖啡色裙子、裤子搭配，也可以在浅黄色的衣服上接上浅咖啡色的蕾丝花边，使衣服的轮廓更为明显。浅黄与白色因为两者色调太过接近，容易彼此抵消效果，所以并不是很理想的搭配。黄色代表明亮、青春和健康，它亮眼的效果非常适合拿来做点缀色，也就是搭配适合的颜色来呈现最佳效果。黄色的色系包括奶油色、柠檬色、芥末黄、淡黄绿、中黄等。

　　黄配黑白灰——可以缓和黄色过于明亮、突出的效果，搭配出典雅时尚感。

　　黄配鲜艳色——明亮的黄色和任何鲜艳的颜色都能搭配，不过仍要避免同时出现三种以上过于明亮颜色的搭配。

　　黄配其他色系——黄色搭配粉蓝十分和谐，其他如自然色，亦可以协调地搭配出沉稳的都市感。

　　(二) 橙色 (运动的装扮)

　　橙色的波长仅次于红色，明度仅次于黄色。橙色是十分活泼的色彩，给人以华贵而温暖、兴奋而热烈的感觉，也是令人振奋的颜色。橙色是丰收之色，令人有很强的食欲，使人想到美味。如果橙色加入少量的白色或黑色，会有一种稳重、含蓄、优雅的感觉。橙色还是富有热带风情的颜色，由于东南亚地区天气炎热，人的皮肤较黑，用橙色服装相衬，显得开朗、热烈、豪爽、生机勃勃。橙色还是适合海滩泳装的色彩和郊外旅游的色彩。它的易见度强，所以在工业用色中为警戒色。

　　橙色是可以通过变换色调营造出不同氛围的典型颜色，它既能表现出青春的活力，又能实现稳重的效果，所以橙色在服装设计中的使用范围是非常广泛的。

　　通过将浅绿色、浅蓝色、蓝色等颜色与橙色搭配使用，可以构成明亮、欢乐的色彩。

　　橙色富于母爱的热心特质，给人亲切、坦率、开朗、健康的感觉；介于橙色和粉红色之间的粉橘色，则是浪漫中带着成熟的色彩，让人感到安适、放心；浅橙色是橙色中加入了较多的白色，给人一种甜腻的感觉。

无论是与黑、白，还是与各深浅色调的灰色相搭配，橙色都是一种充满挑逗视觉效果的耀眼颜色。橙色与黑、白、灰色相搭配，没有大红色或深红色的那种夸张，没有苹果绿那种少女幼稚感，也没有海蓝那种冷冰冰的感觉。橙色在中性色系中更加能够体现和谐的感觉，它可以使黑色和白色充满温馨的视觉感，也可以减少灰色调的孤独感。橙色与中性色系的搭配中，与白和浅灰色的搭配，有着最能打动人们视觉的舒适感，增添了几分和谐。灰、白、橙色三种颜色的搭配，是极为耀眼但又很舒服的视觉色彩搭配，自然靓丽而无浮夸。

（三）红色（热情的装扮）

红色代表热情。在喜庆的日子里，大家都希望看到一身红色的装扮，让节日气氛更加热烈。

红色是可见光谱中波长最长的色，空间穿透能力强，对视觉影响大，感知度高。红色使人感到兴奋、炎热、活泼、热情、健康，感到充实、饱满，有一种挑战的意味。红色具有号召力，表现为一种积极向上的情绪。红色加白变为粉红色，它代表温柔、梦想、含蓄，是一种温和的中庸色，也是体现柔情的少女之色。红色若加黑色或蓝色变为深红色或紫红色时，有稳重感，庄严神圣，如舞台的幕布、会议厅的地板等多采用此配色。在西方，由于民族、宗教信仰的不同，深红色被赋予嫉妒、暴虐的含义。由于红色过于强烈和过于暴露，也作为代表幼稚、野蛮、战争、危险的色彩。像原始民族的文身、面具，我国民间手工艺品等，红色出现得最多。另外，交通方面危险和报警的信号灯色都用红色来表现。

红色达到最大饱和度时，它的热情才得以释放，因此红色极适合皮肤白皙的人。要充分把握好红色的纯度，使红色服装艳丽而不庸俗。

红色与无彩色配色较为合适，尤其是红和黑搭配，有一种魅力四射又沉稳的感觉。

三、个人色彩

色彩四季理论是在瑞士色彩学家约翰内斯·伊顿（Jogannes Ltten）的"主观色彩特征"启示下形成的，于 20 世纪 80 年代初由美国时装色彩专家卡洛尔·杰克逊（Carole Jackson）女士所奠定并风靡欧美。她在区分肤色冷暖的基础上，又综合肤色、头发和眼睛的颜色，分为春、夏、秋、冬四种类型。[①]

---

① 谭莹，张丽英，张敏．服装色彩设计 [M]．武汉：中国地质大学出版社，2007：90.

色彩四季理论把这些常用色按基调的不同进行冷暖划分，进而形成四大和谐关系的色彩群。由于每组色彩群的颜色刚好与大自然四季的色彩特征吻合，因此，便把这四个色彩群分别命名为"春""秋""夏""冬"。春季以黄色为基调，可以穿纯净、明亮、柔和、文雅色彩的服装；夏季以蓝色、粉红色、灰色为基调，可以穿柔和的蓝色或粉红色以及较深、较暗色彩的服装；秋季以橙色、金色、棕色为基调，可以穿较浓艳色彩的服装；冬季以蓝色为基调，可以穿冰雪色、深色、黑色及色彩对比强烈的服装。

（一）春季型人

春季型人白皙光滑的脸上总是透着珊瑚粉般的红润，明亮的眼睛显露出不谙世事艰难的清纯。春季型人是具有朝气而充满活力的。

春季型人是属于暖色系的人，比较适合以黄色为基色的各种明亮、鲜艳和轻快的颜色。象牙色、奶黄色、浅驼色、洋红色、深银粉色、浅银粉色、深桃粉、桃粉色、浅桃粉、浅杏色、杏色、橙色、亮黄色、鹅黄色、浅亮黄绿等，这些都是春季型人的最佳配搭色。

（二）夏季型人

夏季型人有着冷米色皮肤，白皮肤中泛着小麦色，健康、自然。

夏季型人属冷色系，穿灰色非常高雅，以不同深浅的灰色、不同深浅的紫色及粉色搭配最佳。蓝色系非常适合夏季型人，无论是蓝色大衣、套装还是衬衫都能衬出其雅致感。夏季型人不适合咖啡色系，它会使人的脸色变黄。

（三）秋季型人

秋天型人属暖色系，与大自然秋季的色调相吻合，发质黑中泛黄，眼睛亮而眼珠呈棕色，对比不强烈、目光沉稳。

秋季型人适合穿沉稳厚重、以金色为主色的暖色调颜色。越浑厚的颜色越能衬托其匀整的肤质。在全身色彩搭配上，不适合强烈对比，只有在相同的色系或邻色系中的浓淡搭配，才能烘托出其稳重与华丽。

（四）冬季型人

冬季型人属冷色系，发色较暗，眼球亮黑、目光锐利，肤色偏白，头发光泽感好。

冬季型人适合穿纯正的、以冷峻惊艳为基调的颜色，同时做出具有强烈对比的搭配效果，适合有光泽感的面料。冬季型人除了与黑、白、灰三种颜色相吻合外，也适用红、黄、蓝绿等色彩纯正、鲜艳、有光泽感的颜色。

第二节　服装色彩的系列设计

一、服装色彩的系列设计方法

（一）同一色彩的系列设计

选用同一色彩进行系列设计，可以通过选择不同质感和反光度的材料，增强同一色彩的层次感，从而降低同一色彩带来的单调。例如，金色的丝绸上衣搭配金色的灯芯绒面料铅笔裤，虽然两者都选用了金色，但由于丝绸和灯芯绒表面肌理不同，反光度不一样，穿着后会因为人体的起伏曲面和动态产生不一样的光泽度。丝绸具有高光效果，灯芯绒保有本色效果，最终整体的色彩效果是上身明度高，下身明度低，视觉上过渡自然。

面料的混搭运用能够带来各种意想不到的效果。而面料的混搭设计也不只有反光度能够体现层次感，镂空、蕾丝等面料处理手法的运用也能够使得同一色相出现不同的色彩感和层次感。

同一色彩的系列设计运用还可以运用纯度或明度的变化，然后组成色组，以色组的形式对系列服装进行色彩设计。如白色就可分为象牙白、钛白、乳白、米白等不同色感，在婚纱的设计中运用不同的白色可设计出不同的感觉。

同一色彩的系列设计整体性极强，但很容易出现单调的情况。为了避免这种情况，可以采用调整色彩组合的位置、变化色块的面积大小、增加配色数量、采用多种质地的材料等方法，使其呈现丰富的效果。

（二）近似色彩设计

在系列服装的设计中，近似色彩设计主要选取在色相环中有相近关系的几种色彩运用到色彩的设计之中。在一般的服装色彩设计中，近似色彩是为了给主色调做辅助的，所以常见于配件及拼接的装饰之中，但是对于整体色调的搭配仍起着十分关键的作用，用得好的话，可以为服装的整体基调增加活力。

近似色彩设计在服装色彩设计的配色中十分常见，因为近似色彩不会形成强烈的视觉冲击力，所以风格比较柔和，一般用于清新的少女风或者淑女风设计，在职业装和居家服中也比较普遍。

（三）渐变色彩设计

其方法之一是服装的装式、款式、结构、面料相同，在色彩上通过明度的渐变（如深红到浅红）、两个色相的渐变（如蓝与红，中间色阶为蓝紫、紫、红紫）、全色相的渐变、补色渐变（如黄、黄紫、紫黄、紫）、纯度渐变（如绿、绿灰、灰绿、灰）等达成的系列；方法之二是服装的装式、面料相同，在款式的外形、内部的结构、色彩的效果等方面同时进行渐变达成的系列。

（四）主导色彩设计

根据服装主题和风格定位，设置一种色彩作为主打色贯穿整个系列。虽然各套服装之间在款式、结构、造型、面料、细节以及配套色彩等方面各有差异，但一种色彩在各款服装不同部位的出现可以使服装具有相互联系，形成系列感。这种多次出现的色彩是整个系列的主色调，并主导着设计的总体方向和效果。

主导色彩设计是系列设计的常用形式，在日常服装、表演服装、比赛服装、创意服装中均有表现。

（五）重复色彩的设计

重复色彩的系列设计有两种：一是以一种颜色不断地出现在装式、款式、面料相同的或者是装式和面料相同、款式结构各异的整组服装的每一套衣服上，但与之对比的色彩关系都不相同，如浅灰色与粉红、浅灰色与黄、浅灰色与浅绿等；二是在限定的几套配色中，每套服装可随着款式结构的变化进行颜色互换，即便是相同的款式和结构，只要变换色彩的位置与面积，就会出现丰富的系列视觉效果。

（六）花色面料色系设计

花色面料色彩丰富，近年春夏尤其流行。对于花色面料的色彩选择和图案运用大致可分为两种，一种走流行风格路线，另一种走民族风格路线。

流行花色面料如果选用具象花纹，想要突出色彩的冷暖比例或者突出某种流行色相，在服装的配饰或装饰线、包边等装饰元素色彩的选用上会重复选用花色面料上设计师想强调的色相，使之呈现主次对比。如果是抽象花纹，色彩之间的间隔或者是相互渗透（如扎染效果）可以运用三色重叠的效果来搭配。如黄色和蓝色的相互渗透，渗透部分为绿色，过渡自然而且色相丰富，也能够产生很强的时尚感。

（七）增减色彩的设计

增减色彩指的是色彩量的大小与多少。在一组服装中，一个颜色可伴随着款式结构的变化从小面积逐步扩展到大面积，而另一个颜色此时也正在一点点减少。

（八）对比色和补色的系列设计

对比色是在色相环中对立的两色，把对比的两色或两色组进行搭配，使色彩使用大胆、跳跃。比如红色搭配蓝色，红色有暖感、动感，蓝色有冷感、静感，两者的结合能产生强烈的跃动感。

对比色配色中，降低一方或双方纯度的配色方式一直流行于女装的设计中。移动色相的位置、整体的呼应和单一的点缀搭配、采用第三种色相间隔等设计手法，都能够形成很好的系列整体感。

（九）强调色彩的设计

强调色彩设计的关键在于在色彩的选择上同整体的服装色彩设计形成强烈的对比，以帮助凸显服装的整体风格。在设计中，其一般会在一些细节部位使用。例如在领口或者袖口上选取与服装面料色彩有对比的颜色，同时辅之以镶嵌或者拼接工艺，达到强调的作用。有时也会选取同服装面料有色彩对比关系的配件。

总的来说，这种强调色彩的设计在不同类型的服装设计中都有所运用，但是其使用在服装中的面积较小，为的是不抢服装整体设计的风头。

（十）彩虹色系的设计

彩虹色系的设计是指色相环上的各种不同色相的色彩推移组合，视觉效果丰富，尤其适合马戏团、童话风格等主题色彩设计。在彩虹色系的设计过程中，适度更改其明度或纯度搭配，容易表现出强烈的民族风格，是所有色彩组合中最丰富的一种色彩设计方法。

在选用彩虹色系时，通过色相环的色彩渐变推移能够增强服装的系列感。但由于色相多，如果搭配不好也容易因为色彩过于丰富而变得杂乱。为了避免这种情况，可以将色彩按照冷暖分组对比搭配或者注意色彩的关联，如一套服装上选用5~6种色彩做推移组合，下一套服装上留用前套服装上的2~3色，其他几色在色相环上往后推移。如此类推，这样的处理方法降低了在系列服装上运用彩虹色系设计的难度，也比较容易把握。

（十一）情调色彩的设计

情调色彩指的是色彩气氛与风格。尽管一组服装的款式、结构、面料、色彩是不同的，但同样的装式和特定气氛的色彩情调同样能形成系列感，如温馨优雅的高短调系列，拙朴粗犷的西部黄土、沙漠系列。这一系列的装式要基本相同，款式结构的变化幅度可以大一些，因为情调色彩的包容量是比较大的。

总之，服装中要想通过色彩达成系列，其关键在于使色彩要意更接近，更趋于统一，变化中要有规律可循。只有这样，色彩语言在系列服装中才能彰显魅力。

二、主题性风格系列服装色彩设计

（一）优雅风格系列的服装色彩

优雅风格系列的服装是兼具女性特征与较强的时尚感，并且外观与品质较华丽的服装。这种服装总体精练、优雅、高档、端庄、秀丽、柔和，讲究细部设计，强调精致感觉，装饰比较女性化，给人以典雅高贵的形象感。该系列服装色彩多为黑、白以及柔和的灰色调，可以表现出成熟女性优雅稳重的气质风范。其用料一般为比较高档贵重的材料，如乔其纱、真丝缎、塔夫绸、天鹅绒等材料。

优雅风格系列的服装色彩主要有以下几种表现。

（1）优雅。以浊色调色彩为主，色彩纯度、明度适中。配色具有高雅、稳重的感觉，并给人以深思熟虑、高度洗练的印象。成熟女性穿此种配色的服装，风格表现得最为突出。

（2）华丽。以中明度或偏低明度的华丽色为主流的强调性配色，其变化主要来自色相变化差。色彩以浓郁的紫色、红色、橙色为中心色，配色数目可多可少。在配色时若主色调偏冷，则强调矜持感、高傲感，宜于青年女性；若主色调略带浊色感，则倾向于沉稳感、豪华感，宜于男性及年龄较大的女性。

（3）柔和。以淡色调为主，辅以白色与少量淡色调的浊色色彩组合。其颜色偏向暖色，适当地配以冷调色彩。这种组合具有浪漫、柔和的意象，能够表现出女性的从容和淡定。

（4）高贵。色彩可以根据个人品位选择明亮的柔软色，以统一的色调感、简洁柔和的色彩搭配塑造形象，服装款式多为细腰、宽裙摆、长裙，通常配有帽子和精巧的皮包等。其色彩多使用常用色，如无彩色、褐色系列、含灰色、深蓝色、酒红色、深紫色等。

（二）浪漫风格系列的服装色彩

浪漫风格系列服装色彩的特点是华丽优雅、柔和轻盈，容易让人产生幻想，造型精致奇特，局部处理别致细腻。其材料常采用各种蕾丝、透明纱、细棉布、缎带、边饰、带子、珠子等。

浪漫风格系列的服装色彩主要有以下几种表现。

（1）从容。不宜使用彩度高、感觉强烈的色彩。将具有高雅形象的紫色调明度淡化、纯度降低就可以将其变成高雅、沉着具有从容感的色彩，明亮的灰色调也具有同样的效果。从容的服装整体配色表现要柔和，明度适当提高，饱和度适中，可选用淡紫色、浅藕荷色、玫瑰紫色、浅青莲色、象牙黄色、浅驼色等。

（2）清澈。清澈主要以明亮的清色来体现清凉感，通常不会同时使用白色和明亮的灰色。彩度高的蓝色系列给人以冰凉的感觉，但难以表达清澈的感觉，可选用杏黄色、翠绿色、天蓝色、玫瑰红色、酱紫色、宝石蓝色、金褐色等。

（3）柔美。柔美主要是用明亮清色和明亮浊色的组合来增加自然感。以淡柔和的清色为主，辅以白色和少量淡浊色的色彩组合，具有浪漫、温柔的意象，能营造出梦幻般的恬淡气氛。

（4）纯洁。纯洁的色彩以红、橙、黄等色系的明亮清色为主，用白色、淡绿色、淡黄色、淡紫色等做配色，以表现清纯、富有幻想的青春情趣，具有轻松的娇美感。

（三）自然风格系列的服装色彩

自然风格系列的服装色彩来自自然界，并用服装面料的色彩来表现大自然超脱、恬静的无穷魅力。面料色彩以自然界中花草树木等的本色为主，如白色、绿色、栗色、咖啡色等。该类服装的面料以天然纤维为主，富有肌理效果，棉、麻、毛、丝绸等最容易体现这种风格。仿生态面料更是种类繁多，如仿裘皮、仿皮革等。

自然风格系列的服装色彩主要有以下几种表现。

（1）芬芳。该类服装运用浪漫的轻柔色调，带有一种怀旧的风貌。其面料可选用精细而具有弹性的起圈纱线织物，紧密而不失柔和，精致的黏结表面经过拉绒处理，呈现懒惰、倦怠的波浪状外观。其色彩可选用玫瑰红色、桃红色、大红色、亮橙色、金黄色、金色、银色、紫罗兰色、湖绿色、湖蓝色等。

（2）诗意。该类服装可以使人联想到苔藓、泥土、象牙、云杉等，并且具有自然色调的生动渐变。面料以棉、麻为最佳。色彩可选用苔藓绿色、象牙白色、奶黄色、浅驼色、叶棕色等。

（3）丰满。粉红、丁香紫、冰绿色，这些精致、甜美、透明的色彩带有天真无邪的情感。柔滑的乳白色安哥拉羊毛，色彩渐变的精细马海毛，竹纤维和大豆纤维混纺的面料，观感丰满，精致的银色和其他金属色的加入使其丰满感得到增强。

（4）奔放。色彩选用赭石、琥珀、铁锈红、赤土色等热烈奔放的色系，面料可选用粗圆纱和羊毛粗花呢、细密的珠皮呢和柔软的翻毛羊皮，再加入金属色的光泽可增强精巧的质感。

（5）宁静。色相集中于黄和黄绿色系。色调主体明度适中，稍微加入暗茶色、淡黄色、米黄色、米白色等强调色以增大明度差，体现出自然、朴素、亲切的意象。

（四）休闲风格系列的服装色彩

休闲风格系列的服装色彩从亮色到暗色，从浊色到纯色，其配色极其自由。

休闲风格系列的服装色彩主要有以下几种表现。

（1）轻便。轻便的服装最适合使用纯色进行配色。因为纯色极富能量，所以以纯色为主，并配以能提高纯色效果的暗色。色彩可选用乳黄色、沙砾色、湖蓝色、铜绿色、灰褐色等。

（2）有力。有力的服装以红色为主、黄色为辅进行配色，视觉上能产生令人震撼的效果。尽量使用大面积的配色，并且有效地使用黑色可以使配色更有分量。色彩可选用艳翠绿色、艳蓝色、天蓝色、玫瑰红色、橘红色、大红色、酱紫色等。

（3）活跃。此类意象配色主要适用于日常生活服装、舞台表演服装，在童装、少年装中是使用率最高的配色意象。色彩可选用金属感银灰色、淡铜光灰色、豆绿色、烟灰色、瓦灰色等。

第四章　服装色彩设计的关键——色彩搭配

服装一直被喻为软雕塑艺术，其表现种类、形式多种多样，别具一格。作为日常穿着的服装，它不仅具备保护人们的身体不受外界侵害的基本功能，同时也在美化、修饰着人的外在形象。千百年来，人类一直在不断研究着日常服装的流行变化，经过不断地更新、演变、发展，今天已然呈现出百花齐放、姹紫嫣红的服装盛景。尤其色彩搭配协调统一的美衣华服，更是让人爱不释手，激发着人们对美好生活品质的向往与追求。本章主要对服装色彩搭配的相关知识进行论述。首先，介绍了服装色彩搭配的基础；其次，分析了服装色彩搭配的原则；最后论述了服装色彩搭配的综合应用。

第一节　服装色彩搭配基础

一、以色相为主的服装色彩搭配

色相配色是指用不同色相相配而取得变化效果的色彩搭配方法。它与明度差、纯度差变化相比较为明显，在服装色彩视觉效果中往往会起到导向作用。

色相配色形式取决于不同色彩色相在色相环上的距离与角度。以 24 色相环为例，任选一色作为基色，则可以把色相对比分为相邻色、类似色、中差色、对比色、互补色等多种类别。

（一）相邻色相配色

色相环上相邻色的配色，是色相差很小的一种配色。这种色相组合单纯，色相差别小，色相调性极为明确，效果和谐、柔和、文雅、素静；但因其色相极其相似而含混不清，容易产生单调、模糊的现象，使统一感有余而变化感不足，不易取得视觉上的明快感。我们可以采用变化纯度与明度，加大其色相之间的明度差、纯度差，以增加调和感。

（二）类似色相配色

色相配色关系处在色相环上 60 度左右的为类似色相配色。这种配置关系可形成色相的弱对比效果，但较相邻色相配色，其对比效果有了明显的加强，不但能够弥补同一色相、相邻色相对比的不足，又能保持和谐、雅致、耐看等特点，具有稳定、柔和、朴素、简洁的感受，使服装具有变化丰富、整体统一的特点；但如果配置不当则容易单调呆板。所以，在设计中要通过改变明度、纯度，或者面料不同肌理变化等方法来进一步丰富服装的整体视觉效果。

（三）中差色相配色

色相间的距离角度在 90 度左右的搭配为中差色相配色。中差色相组合是处于类似色与对比色之间的配色，是介于色相对比强弱之间的中等差别的色相搭配。色相之间既有共性的因素，又个性鲜明，较类似色的配置更加丰富明快，容易调和，有丰富的表现力。这种配色因色相间的差异比较明确，所以色彩的搭配效果具有鲜明、活泼、热情、饱满等特点，是运动服装最适宜的色彩效果之一。但如果两色相间（如红与蓝）的明度差很小时，需要注意在明度、纯度和面积等方面加以调整，不然可能会产生沉闷的感觉。

（四）对比色相配色

色相配色关系处在色相环上 120 度左右的搭配为对比色相配色。对比色在色相环中的距离较远，个体特征比较突出，运用对比色配色能够彰显每个色彩的力量，以一种较强的冲击感与对立感，带给人视觉上的冲击力。对比色过于强烈，会产生特别的刺激感，例如橙色与紫色的搭配，充满了活力与生机，给人以生动、活泼的感觉。一些不起眼的色彩在对比色的搭配中也能够迅速吸引人们的眼球。

（五）互补色相配色

色相配色关系处在色相环上 180 度的为互补色相配色，其配色效果可形成色相上最强的对比关系。补色之间没有共同色彩成分，因此它是最强的对比性色彩，能强烈地刺激感官，引起视觉上的足够重视。基于这一点，补色关系反而容易达到平衡。补色搭配效果明亮、强烈、活跃、饱满、炫目，极富感染力，可用来改变单调平淡的色彩效果。互补色色相之间色相差最大，其变化感有余而统一感不足，不易取得调和统一的关系，如果处理不当则易产生杂乱、粗俗、生硬、不协调等负面效果。因此，在设计时需要运用多种方法进行调和处理。如在注意主色调与配色的面积比例关系之外，加强彼此明度、纯度的对比关系，还可以用间隔、渐变等方法使之搭配协调，若处理得当则可使互补色双方既相互对立又相互满足。

从三原色看，补色关系是一种原色与其余两种原色产生的间色的对比关系，一般来说只有三对，即红与绿、黄与紫、蓝与橙。

红与绿，明度上差别很小，因此加强了色相的表现力。强烈的视觉刺激，使两色邻接时边缘部分闪烁不定，形成晕影，产生眩目效果，易造成视觉疲劳。要防止眩晕效果，可适当加强明度和纯度上的对比。

黄与紫，强烈的明度差，在补色搭配中最具明快、直率感。正因强明度对比的视觉刺激力远强于色相对比，所以很容易造成生硬感。使用中可使之在明度上接近，若再适当加强纯度对比则效果更好，纯色情况下应以较大的面积差来平衡。

蓝与橙，形成强烈的冷暖对比，对心理有直接的影响。橙色的前进感、膨胀感与蓝色的后退感、收缩感，使两色对比具有强烈的空间张力。

二、以纯度为主的服装色彩搭配

纯度差别可以分辨色彩是偏艳丽还是偏灰暗，利用色彩的纯度对比进行服装的搭配，可以让纯度不同的色彩在对比中产生一定的碰撞感，给人以视觉上的冲击。

（一）纯度差大的色彩搭配

如果要选取纯度差别较大的色彩进行搭配，那么可以选取最艳丽和最灰暗的色彩进行配色。这种形式的色彩搭配，通过极端的色彩对比，可以形成不同的色彩搭配风格，一般在青春靓丽的服装设计中最为常见，可以给人一种生动、活泼的感受。

纯度差大的配色可以采取的配色方法主要有两种。

一是以艳色为主色调，灰色为辅助色调，服装中大范围的鲜艳色可以形成一种欢快的氛围，服装的风格偏向青春风与运动风。

二是以灰色为主色调，艳色为辅助色调，即服装色彩中选取大量的灰色，但是细节处却有艳色做相应的点缀，这样，灰色营造出一种稳重、沉闷的感觉，但艳色会增加一些亮点。这种设计形式常在职业装中出现。

（二）纯度差适中的色彩搭配

在色彩搭配中，选取纯度差异不大的色彩不会产生强烈的对比，但会给人一种十分明亮且饱满的设计感。因为色彩的纯度差较为适中，所以在一定的配色方法下可以给人带来不同的视觉感受。

一是都采用强色的配色，只是选取的色彩在强度上会有一定的不同。例如强色加中强色，可以产生十分明亮与华丽的感觉，但在视觉上却不会产生强烈的刺激。

二是采用中强色与弱色的配色。例如纯色搭配灰色，情感表现上比较沉稳，但是视觉上却很清晰，无论是冷暖色调，都会产生不一般的视觉效果。

（三）纯度差小的色彩搭配

选取纯度差异小的色彩进行搭配，可以将每种色彩不同的纯度特征完整地展现出来。这种形式的配色方法可以有以下几种。

一是选取纯度较高的色彩来进行搭配，高纯度的色彩一般都比较明亮，所以风格偏向活泼，适合少女风的设计，也常在夏装中出现。

二是选取纯度适中的色彩来进行搭配，中性风给人一种踏实、稳重的感觉，比较适合春装与秋装的设计。

三是选取纯度低的色彩来进行搭配，这种色彩一般色调偏灰暗，所以服装风格更趋沉稳，更适合职业装的设计或者是秋装、冬装的风格。

（四）同一纯度或纯度差极小的色彩搭配

如果在色彩搭配中选取纯度相同或者纯度差别非常微小的色彩进行配色，可以将纯度本身的特性展现出来。这种色彩搭配会给人比较高雅、平静的感觉，常见的就是将亮色与亮色进行结合或者是同一色调进行组合。

三、以明度为主的服装色彩搭配

以明度为主的服装色彩设计主要体现在色彩的明暗关系上，能体现出或柔和悦目，或深浅对比的视觉效果。一般来说，明度差大的服装配色能产生动的感觉，明度差小的服装配色能产生静的感觉。以明度为主的色彩设计，可分为以下几类。

（一）明度差大的设计

明度差大的色彩，即极端明色与极端暗色之间的搭配。这类色彩的组合搭配能产生鲜明、醒目、热烈之感，富有刺激性，适用于青春活泼的服装设计中。此外，不同色相虽然明度差大，但在具体色彩的搭配上呈现的效果各不相同，例如淡红与深红组合演绎着火一般的热情，而粉蓝与藏青的组合则相对冷静，这主要是由色相本身带来的效果。由于明度差大，色彩之间需要通过面积的合理配置达到和谐，将两者的对比度控制到最佳，才能凸显较好的设计效果。

（二）明度差适中的设计

明度差适中的色彩设计效果清晰、明快，与明度差大的色彩相比更显柔和、自然，给人以舒适的轻快感，如棕色与黄色、紫色与湖蓝等搭配。明度差适中的色彩搭配可分为以下两种情况。

（1）高明色与中明色的搭配，即淡色调与浅色调之间的搭配，色彩相对明亮，主要适合春季和夏季服装的配色，如橙色与黄绿色搭配、粉红与淡紫色搭配、白色与黄色搭配等。

（2）中明色与低明色的搭配，即中灰色调和深色调之间的搭配，与暗色调相比具有明亮感，在庄重中呈现出生动之感，适合秋季和冬季的服装配色，如浅棕色与深红色搭配、湖蓝色与绿色搭配等。

（三）明度差小的设计

明度差小的色彩搭配设计，视觉感柔和，给人以深沉、宁静、舒适、平稳之感，这类色彩搭配整体和谐悦目，既可在优雅的正装、礼服中使用，也适用于传统保守的中老年服装。具体可分为以下几种情况。

（1）偏高明度色彩间的搭配。色彩粉嫩，如黄色与果绿色搭配，常用于风格浪漫的夏季服装或淑女装设计。

（2）偏中明度色彩间的搭配。色彩中性，如玫瑰红与湖蓝色搭配，常用于风格典雅的春季和秋季服装设计。

（3）偏低明度色彩间的搭配。色彩灰暗，如深蓝色与紫色搭配，常用于稳重的职业装以及秋季和冬季服装设计。

（四）同一明度或明度差极小的设计

同一明度或明度差极小的色彩相互搭配，较大程度地降低了视觉冲击力，与明度差大的搭配相反，它给人以静态美感，体现出古典主义风格特征。

同一明度或明度差极小的色彩搭配能体现出明度特征，依据各明度所产生的感觉而呈现轻快、明亮、厚实、硬朗等不同的感觉。例如，明亮色调与活泼色调、暗色与暗色间的搭配组合。

四、无彩色系的服装色彩搭配

（一）无彩色搭配

1. 单色配色

无彩色系以黑、白、灰整色块的形式出现时，分别传递出暗色调、淡色调的情感表现，因此塑造的形象差异较大。

2. 多色配色

无彩色以多色间隔的形式出现时，会削弱黑色、白色所表现的情感色彩，并将黑色、白色、灰色的凝滞感打破，传递出运动感。明度差异越小，稳定感越强；明度差异越大，不稳定感越强，如经常出现在运动休闲系列中的黑白条纹。

（二）无彩色与有彩色搭配

无彩色和有彩色在配色上能产生较好的效果，这是由于它们之间的相互强调与对比，使它们成为矛盾的统一体，既醒目又和谐。通常情况下，高纯度色与无彩色配色，色感跳跃、鲜明，表现出灵活动感；中纯度与无彩色配色，表现出的色感较柔和、轻快，突出沉静的个性；低纯度与无彩色配色，体现了沉着、文静的色感效果。

若以无彩色为主色进行服装搭配，作为副色的有彩色虽然面积较小，但在无彩色的衬托下比原色更具活力，使整体服装色彩搭配效果富于变化感。若以无彩色作为副色进行服装搭配，由于它的中性性格，对有彩色的搭配会起到很好的平衡和缓冲作用。无彩色系与任何有彩色相搭配都比较和谐，只要注意调整明度，就可以取得非常明快的调和效果。

第二节　服装色彩搭配的原则

一、调和的原则

调和原则下的色彩搭配主要有以下几种形式。

（一）同一调和

同一调和即在色彩、明度、纯度属性上具有共同的因素，在同一因素色彩间搭配出调和的效果。这种配色方法最为简单、最易于统一。

（二）类似调和

即色相、明度、纯度三者处于某种近似状态的色彩组合，它较同一调和有微妙变化，色彩之间属性差别小，但更丰富。

（三）对比调和

对比调和即选用对比色或明度、纯度差别较大的色彩组合形成的调和。其采用的方法有以下几种。

1. 面积法

色彩的面积对比是指各种色相的多与少、大与小之间进行的对比，利用这种对比获得调和的效果。也就是将对比双方的一色作为大面积的配色，另一色作为小面积的点缀，在面积上形成一定的差别，这样既削弱了对比色的强度，又使色彩处理得恰到好处。通常而言，服装上图案的用色或是小面积色彩的点缀，其色彩的纯度、明度相对大面积色更为丰富、活跃；有时，为了使点缀的面积色彩醒目，可适当降低主面积的纯度、明度来避免过度的视觉刺激。对比色块之间的面积与形状需有变化。如红绿相配时，应拉开两者之间的面积大小比例关系，使其中一色占据绝对优势，否则视觉上会有过度刺激感。如果是多种对比色色彩间的搭配，则应先确立主次关系，哪种色组为主，哪种色组为辅。

2. 阻隔法

（1）强对比阻隔。在组织鲜色调时，将色相对比强烈的各高纯度色之间，嵌入金、银、黑、白、灰等分离色彩的线条或块面，以调节色彩的强度，使原配色有所缓冲，产生新的优良色彩效果。

（2）弱对比阻隔。此法可以补救因色彩间色相、明度、纯度各要素对比过于类似而产生的模糊感的问题。如使用米白、浅黄等较接近的色彩组合时，用黑色线条做勾勒阻隔处理，能使多方形态清晰、明朗、有生气，而又不失色调柔和、优雅、含蓄的色彩美感。

3. 明度对比调和法

明度差别大的色彩组合，其对比调和力量感强、明朗、醒目。强调明度的差别，会降低其他方面的对比，因此在色彩组合上应注意面积上的大小，如以其中一色为主，另一色为辅，拉开面积差异，避免造成视觉混乱。

4. 统调法

在多种色相对比强烈的色彩进行组合的情况下，为使其达到整体统一、和谐协调的目的，往往用加入某个共同要素而使统一色调去支配全体色彩的手法，这一方法称之为色彩统调。它一般包括三种类型，即色相统调、明度统调、纯度统调。

5. 纯度对比调和法

纯度差别大的色彩组合，虽有对比感，但效果生动，色彩通过纯度的差别显得饱满而优雅。例如红色与灰色、米色搭配，红色不仅被灰色、米色衬托得格外艳丽，而且也被灰色所控制而不刺眼。

6. 透叠法

在两个对比强烈的颜色之间插入两色的间色（两色的透叠色），因为该色含两色的属性因素，所以此组颜色就能相互联系起来，达到色彩调和的效果。

7. 削弱法

削弱法是使原来色相对比强烈的多方，在明度及纯度方面拉开距离，减少色彩对比下越看越显眼、生硬、火爆的弊端，起到减弱矛盾、冲突的作用，增强画面的成熟感和调和感。如红与绿的组合，因色相对比距离大，明度、纯度反差小，会使人感觉粗俗、烦躁、不安，但分别加入明度及纯度因素后，情况会改观。

8. 加强法

加强法主要是针对两色过于统一这种情况而言的。如果两色过于统一，那么服装整体的视觉效果会显得平淡、单调、缺少活力。这时加大色彩三要素中的任何一项都可使服装色彩生动起来，也能达到调和的目的。如果两色过于对立，也可以用加强法来加强两色的明度或纯度对比，相应地削弱了色相的对比，这样也能达到调和的目的。

9. 综合法

将以上两种方法综合使用。如绿色与紫色组合时，用面积法使绿色面积小，紫色面积大；同时在绿色中调入灰色，紫色中混入白色，则变成灰绿与紫的组合，令人感觉既有力又调和，这就是同时运用了面积法和削弱法的结果。

二、对比的原则

（一）色相对比

这是以色相环上的色相差别而形成的对比现象。色相对比是服装色彩搭配设计中的常用手法，其配色效果丰富多彩。色相对比分为以下几种。

1. 同种色相对比

配色是同种色，以色相的不同明度和纯度的比较为基础的对比效果。同种色相对比效果比较软弱、呆板、单调、平淡，但因色调趋于一致，可表现出朴素、含蓄、静态、稳重的美感。

2. 类似色相对比

在色相环上相邻 30 度~60 度的颜色的对比关系属类似色相对比。对比的各色所含色素大部分相同，色相对比差较小，色彩之间性格比较接近，但与同种色相对比有明显加强。类似色相对比的配色既统一又有变化，视觉效果较为柔和悦目。

3. 中差色相对比

是介于对比色和类似色之间的对比，对比强弱居中，具有鲜明、活跃、热情、饱满的特点，是富于变化、使人兴奋的对比组合。

4. 对比色相对比

对比色的色相是相反的关系，极端的对比色是补色，即红与绿、黄与紫、蓝与橙这三对。这类对比的效果强烈、醒目、刺激，对比性大于统一性，不容易形成主调。

（二）明度对比

色彩之间因明暗程度差别而形成的对比，称为明度对比。明度变化有两种情况：一种是指同一色相不同的明度变化，另一种是指不同色相的明度变化。

明度对比对视觉的影响力最大，在色彩构成中明度对比占有重要位置，是色彩对比的基础。在画面中，色彩的层次、体态、空间关系主要是通过色彩的明度来实现的。在色彩画面中，如果只有色相对比而无明度对比，那么图形的轮廓将难以辨别；如果只有纯度的区别而无明度的对比，那么图形的光影与体积很难辨别。只有正确地表现出明度关系，画面才会充满体积感和空间层次感，因此色彩的明度对比在色彩构成中起主导作用。

1. 明度基调

若将黑到白之间平均分为 11 级，形成明度列，黑为 0，是最低明度，白为 10，是最高明度，每级之间为一度，并以此划分为 3 个明度区域。

低明度调是由 1~3 级的暗色组成的基调，具有沉静、厚重、忧郁、迟钝、沉闷的感觉。

中明度调是由 4~6 级的中明色组成的基调，具有柔和、甜美、稳定的感觉。

高明度调是由 7~9 级的亮色组成的基调，具有优雅、明亮、轻松、寒冷、软弱的感觉。

2. 明度对比的特征

明度对比的强弱取决于色彩明度差别跨度的大小。按照色阶可以把明度对比的强弱分为明度弱对比、明度中对比和明度强对比。其对比特征有以下内容。

（1）明度弱对比。明度弱对比是指明度相差三个色阶以内的对比，由于这种对比的关系在明度轴上距离比较近，因此又叫短调。短调具有含蓄、模糊的感觉。短调对比包括高短调、中短调和低短调。

高短调：高短调的弱对比效果是形象分辨力差。其特点是淡雅、柔和、高贵、软弱，设计中常被用来作为女性服装色彩。以高明度区域的颜色为主导构成基调色，在此基础上配合相差三个明度色阶以内的辅助色。

中短调：中短调就是中间灰调的明度弱对比。其色彩效果朦胧、含蓄、模糊、深奥，同时显得呆板，清晰度也极差。这种配色为中老年人所欢迎，而且更适合在冬季使用。

低短调：低短调是暗色调的明度弱对比。其色彩效果模糊、沉闷、阴暗，画面常显得神秘、迟钝、忧郁，使人有种透不过气的感觉。这种配色是各种年龄层次的人都能使用的服装色调，但不太适合在夏季使用。

（2）明度中对比。明度中对比是指明度相差三个色阶以外、六个色阶以内的对比，又称中调，具有明确、爽快的感觉。中调对比包括高中调、中中调和低中调。

高中调：以高明度色调为主的中强度对比，色彩效果明亮、欢快、明朗而又安稳。高中调多用于日常服装中，如浅米色与中驼色、浅紫色与中灰色等。

中中调：以中明度调为主，用高明度色调配合短调的色彩形成中明基调。这种配色较为明亮，具有神秘、含蓄、丰富、饱满的效果。

低中调：配上不强也不弱的中明度色彩，形成低调的中对比效果，庄重、强劲，多适合男装和秋冬装的配色。

（3）明度强对比。明度强对比是指明度色阶在六个以外的对比，由于这种对比关系在明度轴上距离比较远，因此又叫长调，具有强烈、刺激的感觉。长调对比包括高长调、中长调、低长调和最长调。

高长调：以高明度调色为主，配以明暗反差大的低明度调色，形成高明度调的对比效果。这种调子是积极向上的，具有清晰、明快、活泼的效果，如白与黑、月白色与深蓝色、浅米色与深棕色。

中长调：采用高明度调色与低明度调色对比，形成中明度调的对比效果。

它丰富、充实、庄重，常被认为是男性服装的色调。

低长调：暗色调的明度强对比。其色彩效果清晰、激烈，具有不安、深沉、压抑、苦闷的感觉。低长调多用于礼服和正装的配色。

最长调：最明色和最暗色面积相等的明度强对比。其色彩效果极其矛盾、强烈、锐利、简洁、单纯，适合远距离的设计，但处理不当也易出现空洞、生硬、目眩的感觉。此调对于短款的女夏装及充满前卫感的服装都非常合适。

（三）纯度对比

色彩因为在纯度上存在差异才会形成纯色对比。在不同的纯度对比之下，又会产生不同的色彩对比效果，这种对比差异主要是由色彩间的纯度差决定的。例如，咖色如果同比它鲜艳的颜色对比就显得很黯淡，但是如果同一些色调较深的色彩进行对比，就会比较鲜艳。

纯度对比按照阶段划分可以分为三个阶段，即高、中、低。其中纯度高的色系就比较鲜艳，纯度低的色系就偏向灰色，而纯度适中的就介于高低纯度之间，被称为是中性色系。纯度的全部基调可以分为高、中、低、长、中、短这六种，每一种基调给人的感觉都是不同的，例如高调给人的感觉就更加热情、奔放，而低调就比较厚重、压抑。

总之，按照不同的基调进行色彩搭配会产生不同的搭配效果，利用好纯度对比，把握好每种基调所表达的情感，是服装色彩搭配中必须要考虑的问题。

（四）同时对比

同时观察两个以上并排的颜色时，因两色互相影响的结果所产生的对比现象，就称为同时对比。这种现象会因颜色的差异，使明度提高或降低、纯度增强或减弱，而产生各种不同的效果。色相对比、明度对比都是同时对比的现象。

同时对比时，相邻两色会产生以下效果。

（1）愈接近邻接线，彼此的影响愈大，甚至引起色渗现象。

（2）纯度与明度相对比后，强的愈强，弱的愈弱。

（3）同时对比是残像作用的结果，是两色把自己的补色互相加到对方色彩上。

（4）纯度愈近补色时，互相强化愈厉害。

要防止同时对比时两色间的变化，可以在两色交界处加一道隔离的线。若两线对比明亮时，隔线用暗线；若两色对比阴暗时，隔线用白金银。

绘画中的色彩都是同时对比的关系，因此，在进行色彩搭配时，就必须考虑每一相邻色的色相、明度、纯度的对比关系，把色彩对比所产生的影响因素完全列入考虑，才容易控制色彩的效果。

（五）面积对比

面积对比是指两种或两种以上颜色相对的面积比例，是色彩面积数量上的多与少、大与小的结构比例差别的对比。

面积是色彩中不可缺少的因素，结合面积来研究色彩对比是因为色彩的明度和色相的纯度只能在相同的单位面积下才能显示出实际差别。单位面积色彩的明度和色相的纯度不变，随着总面积的增减，它们的光量及色量也随之增减，对视觉的刺激程度与心理影响也有增减；单位面积的色彩的明度和色相的纯度不变，它们的对比关系将随着其面积以及面积关系的变化而变化。对比双方的色彩面积越大，对比效果越强，反之越弱。

离开一定的面积就无法讨论色彩的对比效果，离开双方或多方的面积比例关系也无法讨论色彩的对比效果。考虑到这些规律，在进行服装色彩搭配时，通常选择中等程度的对比，这样既能引起视觉的充分兴趣，又能持久地保持这种兴趣。而设计服饰、首饰等较小面积的色彩对比时，灵活性相对大很多，强对比一般不会引起反感，弱对比也能得到喜爱。

（六）继续对比

继续对比也就是时间上的对比。如有甲乙两色，先凝视甲后再转看乙色时，前见之色彩会影响到后见之色彩，即最初所见之色彩刺激（残存一段时间）影响接着看到的色彩外观，称为继续对比。

继续对比所形成的颜色，是前色的补色加上后见之色彩所形成的加法混合。如看久了红色再转看黄色，则有黄绿感。因视网膜看红色时，会产生蓝绿补色，再看黄色时，就将蓝绿色加在黄色上，成为带绿色的黄色。补色残像即是继续对比的现象。

（七）肌理对比

肌理对比，指的是因色彩表面纹理结构的差异关系而呈现出的色彩构成效果。在色彩搭配中，色彩肌理对比会使画面具有独特的表现效果和审美情趣。

肌理一般分为视觉肌理和触觉肌理。视觉肌理是眼睛对物体表面特征的认识。触觉肌理是手和皮肤在触摸物体时的感受，亦属于统觉上的感受。由于视觉与触觉的长期联合感知，使人们在丰富触觉经验的基础上，只用视觉也能感知一部分触觉肌理。通过不同的色彩表现技法与视觉想象获取某种富于实感材质特征的表象感受，即为视觉化的色彩触觉表达方式——肌理构成。

视觉肌理对比包括：画、描、盆、洒、擦、磨、浸、染、淋、冲、吹、烤、灸、烙、拓、印、撕、括、堆、贴、压、编、剪、刻、水油不合法等。由于材料、材质的不同，加之生产工艺的不同，因此所呈现的肌理对比效果亦不相同。设计者如能熟练地或偶然地做出理想中的肌理，能使色彩搭配展示出意想不到的视觉效果，即做到事半功倍。

（八）综合对比

多种色彩搭配组合后，由于色相、明度、纯度等的差别，所产生的总体效果称为综合对比。这种多属性、多差别对比的效果，显然要比单项对比丰富、复杂得多。事实上，色彩单项对比的情况很难成立，它们不过是色彩对比中的一个侧面，因此，在创作和设计实践中都较少应用。设计师在进行多种色彩综合对比时要强调、突出色调的倾向，或以色相为主，或以明度为主，或以纯度为主，使某一主面处于主要地位，强调对比的某一侧面。从色相角度而言，其可分为浅、深等色调倾向。从明度角度来看，其可分为浅、中、灰等色调倾向。从情感角度而言，其可分为冷、暖、华丽、古朴、高雅、轻快等色调倾向。

第三节　服装色彩搭配的综合运用

一、服装与装饰配件的色彩搭配

（一）帽子的色彩搭配

帽子处于服装视觉的中心，正常着装情况下，帽子的色彩应尽量和上装相同或更浅淡些。如暗褐色、紫色、白色交织的花色上衣，配紫色帽子就很合适；黑、白、灰的帽子和任何色彩的服装相配一般都较为谐调。穿着较正式的服装时，帽子色彩要与服装色彩谐调一致；休闲装、运动装、时装及儿童装，帽子色彩与服装色彩可采用不同程度的配色方式，可协调也可对比。

（二）鞋袜的色彩搭配

鞋子的色彩应使用含灰色或黑、白色，尽量与下装色彩融合。如果鞋子颜色选用纯度高的色彩，则应与服装其他部位的色彩有所呼应。袜子色彩以接近肤色的含灰色为宜，一般不要用太深、太花、太鲜的色彩。袜子与裙、裤、鞋相配，则可以延伸裙、裤、鞋的色彩，取相近的色彩。

（三）围巾的色彩搭配

围巾对脸部的烘托效果最直接，在整体服装搭配中可以缓和服装色彩不协调的情况，也能产生活跃色彩的作用，起到补充、加强色彩面积，突出主色调的作用。围巾既可以与服装整体色彩一致，也可以与服装局部色彩呼应，还可以作为点缀色而成为视觉焦点，与服装形成明度、纯度的对比效果。

（四）腰带的色彩搭配

腰带色彩在服装整体色彩配置中的作用有两个方面：一是承上启下，衔接上下装色彩；二是上下装色彩对比过于强烈或过于微弱时，发挥缓冲、隔离的功能。另外，含灰色和与服装同色的腰带可避免暴露较粗的腰身，而金、银等闪光腰带则能更好地衬托服装色彩。

（五）首饰的色彩搭配

首饰与其他配件不同，虽然一般面积不大，佩戴得体却能发挥“点睛”的作用，给女性增添妩媚、优雅、高贵的风韵。但若装饰过度，与服装平分秋色，甚至反客为主，反而会弄巧成拙，变得俗气。所以首饰一般以佩戴三件为宜，项链、耳环、戒指或胸针，最多不超过五件，而且形态色彩尽量和服装的款式、图案、色彩有相似之处，力求格调一致。在现代服装设计中，设计师时常运用夸张的设计手法，通过扩大首饰的佩戴面积，增加首饰的数量，改变首饰的传统佩戴位置等手段加强首饰的表现力，使服装整体效果更具时尚感和后现代特征。

二、套装的色彩搭配

套装一般是由内衣外衣、上装下装等配套组合，同时辅之以服饰配件作补充、点缀而成的。在套装的组合因素中，有其各自的色彩特征，欲使各部分色彩之间产生整体的协调感、统一感，最重要的是应抓住主调色彩，使之成为支配性的色彩要素，并使其他色彩与之发生相应的联系。

（一）内外衣色彩搭配

按照着装形式，一般外衣全部裸露在表面，面积较大；而内衣只有部分外露，有时只露出领子、袖口等小部分，面积相对较小。所以，外衣色彩应为套装的主色，内衣色彩为次色。内外衣色彩应主次分明，层次清晰。

在具体搭配时应注意以下几个因素。

（1）明度对比因素在内外衣配色中尤为重要，应当把握外衣深则内衣浅、外衣浅则内衣深的原则。

（2）色相、纯度对比方面也应适当地拉开反差距离。如果内外衣色彩过分接近，则服装视觉中的领、胸部位，就会显得模糊而无生机。

（3）花色面料的内外衣配套，多采取内花色外单色或内单色外花色。如果内外全是花色，将会使人产生混乱的感觉。

（4）内外衣配色的色彩对比，可采用强烈的手法，使内外衣在色相和明度上都有较大的对比度，给人一种生动、活泼的时尚感。也可用柔和的手法，给人感觉内外衣色彩配套，主调感强，单纯而不单调，柔和而有层次，效果和谐。

（二）上下装色彩搭配

上下装的色彩组合，有上衣与裤子或上衣与裙子的搭配。一般来说，上衣色彩宜浅，下衣色彩宜深，这样能增强人的稳定感。但也有上衣深、下衣浅的情况，则能给人以动感和时髦感。

上下装色彩的搭配与内外衣组合的情况不同，由于它们都处在表面，所以要特别注意上下装色彩的面积比例问题。虽说许多上下服装色彩的面积采用3∶5、5∶8等近似黄金分割比例，但也有不少服装是不按这种比例组配的，因此，需要强调某种色彩的面积大小。例如，以浅蓝色衬衫搭配棕色格纹的筒裙，这时由于上下面积相近，为了求得协调，可以在浅蓝色衬衫的领口、袖口镶上与筒裙一致的金棕色镶边或纹样，还可以在浅蓝色衬衫内穿一件金棕色的内衣并露出一点领子，或在头饰上搭配一点金棕色，如金棕色的发箍、发饰等，这样一来，上下装的色彩之间有了呼应与节奏感，并且还打破了上下面积相近的呆板。

在色相对比方面，除了某些戏剧、舞蹈、表演性服装外，上下装的色彩搭配一般不宜过于刺激，如采用黄色与紫色、红色与绿色这样的搭配，会使人感到过于刺眼、艳俗，即使中间附加黑色或金色的腰带，仍难解决色彩之间的过渡和衔接问题。这时，可进行色彩的一方转化，如用红色上装搭配浅紫色裙子或黑色上装搭配玫红色裙子。如果一定要选用对比色进行搭配，最好拉开两种色相之间的明度或纯度差距，如淡绿服装配紫红裙，或红色上装搭配墨绿色长裙，这样能形成相对缓和的视觉效果。

在选用花色面料进行上下装搭配时，应以上衣花色配下衣单色或上衣单色配下衣花色为宜。在色彩处理上可运用关联手法，如裙子花色由灰红棕、银灰、浅绿色等颜色组成，则上衣选用灰红棕色为宜。如果裙子是单色，而此色恰是上衣花色中的某一色，则上下装色彩既呼应又协调，可增强整体美感。如果上下都用花色面料，最好选择同一花型色彩，否则不同的花型和色彩杂乱无章，会使得整体服装色彩眼花缭乱，缺乏主题。

三、群体服装的色彩搭配

群体服装的种类很多，从两个人的情侣装，到几个人的家庭装，乃至成百上千甚至更多人的表演装、社团服、职业服等。

（一）群体服装的色彩选择

群体服装的色彩选择，最主要的是体现群体之间的内在联系，互相有所呼应，能给人以强烈的整体感。因此，其所用的色彩不宜太多，否则易产生杂乱、分散的感觉。但是，群体服装也不限于一律使用素色，也可考虑多色效果和使用花色面料。特别是情侣装和家庭装等，更富人情味，在色相和纯度的选择上余地更大。而量大面广的社团服、职业服，就要考虑体现社团的形象，要使色彩与职业特征及功能相结合，因此受到很多限制，通常采用较保守的设计方案，色彩大都偏向于蓝色、褐色及无彩色或其他含灰色。

（二）群体服装的色彩色调

由于现代社会分工越来越细，相应的职业制服种类也越来越多，如学生服、军警服、医护服、服务员服及各工种的工作服等。还有许多企业和社团，为了显示其特异性和独创性、扩大本单位的影响，也选用了色彩和款式各异的制服。

在职业服中，由于各种专业工作的特定要求，色彩、色调不能相互替代和混淆，而应与工作的环境及气氛相协调。例如，医务人员的工作环境平和、清洁，服装色彩必须配置白色或浅淡色彩，给病人营造静心治疗的环境；军警服的色彩和色调，皆选用土绿色系，因为这些色彩既具有保护作用，同时又给人以沉着、成熟、庄重的感觉和威慑的力量；餐厅服务员的服装，多选用红色、白色或是浅蓝色，红色能使顾客感到热情、亲切，白色、浅蓝色则显示出洁净、轻松的特点。总而言之，群体服装的色彩色调，既要注重美感，更应满足人们调节视觉心理和生理的需要。

（三）群体服装的色彩呼应

在群体服装中，虽然同样使用选定的几种色彩，但由于面积分配和位置的变化，组合后所产生的色彩效果也就不尽相同，通常称之为定色变调手法。在群体服装上，色彩互相呼应，使色调既有变化又很统一，能够增强群体的系列性。

第五章　影响服装色彩搭配的因素

色彩是体现服装设计风格的主要因素，在心理学上，色彩的搭配会在潜意识中影响人的情绪、感觉。合理的色彩搭配不但能提升服装的艺术效果，还能增加服装的实用价值。在现实生活中影响服装色彩搭配的因素有很多，了解这些影响因素，对服装色彩搭配的学习和应用具有很大帮助。本章主要对影响服装色彩搭配的因素进行了具体论述。

第一节　服装色彩搭配与服装设计风格

一、古典主义风格

古典主义是产生于 17 世纪法国的一种艺术思潮，它首先表现在文学和戏剧中，推崇理性主义，以古典时代的审美作为标准，并致力模仿。

因此，古典主义风格的服装整体呈现单纯、传统、稳定的特点。款式上多借鉴古希腊、古罗马的服饰特征，不刻意强调人体曲线，利用面料特性塑造服装与人体之间的空间。面料以丝、毛、棉等天然材质为主。在装饰方面，提倡简洁，没有过多的装饰手法及复杂的搭配，以穿着者为主体，通过弱化装饰性、注重功能性来衬托穿着者的气质。

其色彩方面强调简洁单纯，通常采用单色配色，多运用淡色调、明浊色调，通过素雅单色来表达服装风格的单纯性。但有时也会采用多色配色，这时会通过降低色彩的饱和度来弱化多色间的对比；或者利用同色相、类似色相、相邻色相原理进行配色调和；或者通过面积差实现色彩的单纯性，强化一个颜色，让这个色彩成为视觉主体，其他颜色成为点缀色。

二、哥特风格

哥特风格服装起源于中世纪，带有些许的神秘气息，其服装形式十分多样。现在，在设计师眼中，哥特风格代表着夸张与另类，且以中性风为主，所以他们一般会在设计中营造一种凄凉的画风，甚至带有某些恐怖意味。

哥特风格的服装，在廓形上一般是从上向下逐渐变宽，上身与下身相比更为合体。因为其服装风格比较奇特，所以衣袖的设计比较特别，喇叭形、蝙蝠状是哥特风格服装最常见的设计形式。哥特风格的服装一般以裙装为主，下摆肥大且拖地，腰线很高。

哥特风格服装的设计风格给人一种诡异、阴森的感觉，在色彩搭配的选择上也是尽力向这种氛围靠拢。

1. 以黑色为主的配色

黑色在哥特风格服装的设计中十分常见，而且会选取深浅程度不同的黑色，目的就是为了加强服装设计中沉重的氛围感，营造出一种神秘且压抑的环境。黑色在哥特风格设计中起到的作用十分关键，是其设计中的灵魂色彩。同时，搭配这种风格的妆容也要营造暗黑、神秘的气氛，所以穿着这种风格的人一般会画黑色的口红，涂黑色的指甲，如果再配上苍白的面容，恐怖的氛围感直线上升。

哥特风格服装在色彩上的恐怖渲染影响了 20 世纪 70 年代朋克服饰，两者都以黑色为主要色调。

2. 运用各类纯色系列

在哥特风格的教堂中，窗户上悬挂的画的主题一般是以宗教为主，这也在无形之中影响了其风格设计中色彩搭配的选择。来自纯色系宗教壁画的灵感，哥特风格的服装设计也会运用各种纯色，但色相上会有明显的降低，整体的色调会偏向暗色和深色。

3. 色彩的虚幻表达

哥特风格服装的色彩表达中，经常会采取一些不对称的形式，目的是为了形成强烈的对比效果，以表现服装整体的神秘色彩。到了现代，设计师们为了还原这种氛围，一般会在设计中选取各种材质的色彩，将他们进行穿插使用，以透叠的效果使服装在外观上就显现出一种虚幻的感觉。

三、前卫风格

前卫风格的服装体现了青年人的流行时装倾向，没有强烈的性别特征，充满现代时髦感。同时，其注重个性化的服饰配套方式，装饰用品刺激、开放、强烈、奇特，图案夸张。20世纪60年代的嬉皮族、孔雀族以及20世纪70年代的朋克族，是典型的前卫服装样式的灵感来源。前卫风格服装个性强烈，强调面料外观的独特性，以有光泽感和人工味强的缎类、化纤等面料为主，追求意料不到的面料搭配效果。

前卫风格的服装色彩以黑、白色以及具有荒诞虚无感的色彩为特征，通常以金属色作为点缀。黑色皮革以及高彩度的荧光色交相呼应，如同都市夜晚的霓虹灯、激光束，绚烂、刺激、丰富。前卫风格中锁定年轻人为消费人群的服装品牌，通常都会从嬉皮族、孔雀族、朋克族的服装中汲取灵感，从而设计出活泼、敏捷、新鲜、时髦、现代的先锋式服装，强调快乐与性感，设计风格非常鲜明，是美感极强的艺术先锋。

四、嬉皮士风格

嬉皮士热爱自然，希望集体逃离城市过上乡村隐居生活，他们是既定社会之外的叛逆人群。

在服装方面，嬉皮士追求解放和自由，反对整齐、优雅、精致的着装，服装多以宽大的H型、长袍、长裙为主，形成了怀旧、浪漫、自由的设计风格，并带有强烈的异域情调。

装饰方面，嬉皮士风格的服装融合了各民族、民俗服饰元素，表现手法非常丰富，如串珠、拼布、刺绣、手工印染、流苏、羽毛、动物骨头装饰等；另外，嬉皮士们认为花代表"和平"和"爱"，所以在配饰及服装装饰图案上出现了大量花卉元素的运用。

材质方面，主要有两类面料：一类为棉、麻、丝等材质轻薄较垂的面料，主要表现自由、飘逸、流动；另一类为反毛皮、牛仔布等较为硬挺的材料，尤其在牛仔布上的磨破及刷白处理，体现出一种怀旧感。

色彩方面，无论是单色使用还是多色搭配，都带有强烈的自然主义气息，整体色调丰富，和谐富有变化，充满浪漫主义情怀。嬉皮士风格喜欢突出自然元素，如各类花朵、植物、树枝、草丛、飞鸟等，与此相关的色彩组合丰富多变，通常需要三种甚至六种色彩进行搭配。

五、波普风格

所谓波普风格，其设计的特殊性主要集中于图形上。视觉上的冲击力主要是通过改变图形来实现的，一般就是对图形的色彩以及造型进行特殊设计，利用一些夸张的表现手法，制造出一种不同寻常的风格，这种风格的特别之处还在于其图形的运用上，常给人一种轻松、有趣的感觉。

波普风格的服装款式设计简洁大方，细节不复杂，装饰也十分简约。在一些细微之处常常做一些别致的设计，而其他部位的设计会利用图形面料来加以展示，图形的造型设计常给人以视觉上的冲击。

波普风格善于运用几何图形承载其强烈、夸张的服装表现效果。一般的搭配形式有以下几种。

第一，以高纯度色彩为基础，相应的选取黑白灰这种无色系的色彩搭配。高纯度是波普风格设计最常用的选择，在此基础之上，借助无色系的黑白灰做间隔色，可以产生强烈的视觉冲击力，这种强烈的对比会给人一种活泼的感觉。

第二，只借助高纯度色彩完成搭配。波普风格的图案选择中，以花卉和几何图形为主，选取高纯度的色彩，直接将这些色彩进行拼接。纯度高的色彩通过相互碰撞，产生十分明显的对比效果，同时给人一种非同一般的视觉体验。

第三，只用无色彩完成色彩搭配。无彩色以黑白灰为主，波普风格中的无彩色搭配大多选取黑白亮色，以几何的形式实现黑白图案的对比，在视觉上产生强烈的冲击力，同样给人留下难以忘怀的记忆。

六、朋克式风格

朋克的精髓在于破坏，彻底的破坏与重建。朋克拒绝权威，抗拒正统的时尚，他们用特立独行的装束彰显自己，表明其与主流文化圈的不同，由此产生了一种服装的流行风格——朋克式风格，并影响着服装设计和服装潮流；发展到现在，已形成"新朋克"风格，少了张牙舞爪的张扬不羁，仍然保持着朋克与生俱来的性感和独特的韵味。

表现朋克风格的贫穷式设计，在面料方面会对毛边、皱褶、镂空、酸洗、砂洗或特殊印染等工艺进行破坏处理，或总是将各种看似不相关的面料混搭在一起，并采用不规则的剪裁给人随意自由的感觉，使服装呈现粗犷的美感。黑色及饱和的亮色是朋克风格的主要用色。

七、未来主义风格

未来主义风格的服装在款式上注重块面分割，以直线和几何线条为主，简洁硬朗呈现无性别倾向，这种无性别感超越了男女的界限，可以说是一种虚拟的性别。在结构上，其注重功能性和实用性，通过科技手段附加智能感应等功能，讲究非单纯设计。

面料方面，多采用光泽感强的 PU 革、塑料、尼龙丝等富有弹性的涂层面料用以强调女性的身形，表达性感之美；也用半透明质感的新型合成材料，营造虚幻的空间感，增加科技感。此外，高科技功能材料被广泛运用在未来主义题材的服装中，如可随人体温度变化而变色的特殊面料、3D 打印出的面料、可发光的面料、用微生物繁殖出来的皮肤面料等仿生面料。

　　色彩方面，如 20 世纪 60 年代的太空风格服装便大量地运用了无彩色系，近几年无彩色系与新型合成材料结合，材料表面的特殊肌理及光泽，赋予了无彩色系新的色彩呈现，传递出脱离现实的虚幻和科技感。

八、都市风格

　　都市风格是在整体造型上借用男装廓形款式的一种服装风格，具有简洁、严肃、干练的风格特征。都市风格服装常采用军服、男子都市职业服和日常休闲服作为设计灵感，典型样式是以西服、背心、裤子、男士风衣、衬衫、领带为主体的组合变化。在应用男子服装样式时，必须注入女性服装中相对柔和的元素，强调流行趋势，体现女性时装中新鲜、年轻、活泼、变化的因素。

　　这类服装以具有男性都市服装特征的面料为主体，颜色以沉稳、正统、自然的茶色、藏蓝和灰色配以白色为常用色，塑造单纯而简练的现代都市女性的硬朗形象。此外，褐色系、绿色系之间的配色也可表现出阳刚的气质。

九、极简主义风格

　　极简主义，是 20 世纪 60 年代兴起的一个艺术派系，反对抽象表现主义，崇尚以自然物最本初的形态展示在观者面前的表现方式。极简主义是在现代美学基础上逐渐发展起来的一种设计理念，最初由结构主义、至上主义的思想演变而来。极简主义产生于轰轰烈烈的波普艺术运动中，针对艺术中复杂和过于人为化的观念以及艺术的社会性倾向，把艺术还原为极其简单的视觉结果。

　　极简并不是缺乏设计要素，而是一种更高层次的创作境界。极简主义风格秉承"少就是多"的理念，以最纯粹的形式表现深邃的内涵和高雅的气质，摒弃一切琐碎的、多余的装饰。极简主义强调人体就是最好的廓型，在造型设计上力求简洁，抛弃多余的装饰。

　　面料方面，极简主义风格注重材质本身的肌理和质地，尽量减少后加工，强调织物原始的触感，所以很少采用三种以上不同质地面料混搭的组合方式。

　　极简主义风格极其偏好黑、白、灰三色，另外，位于低纯度高明度的淡色调、明浊色调色彩清新，位于低明度低纯度的暗浊色调、暗色调色彩含蓄，这些区域的色彩也是极简主义经常用到的。为突显简洁和纯粹，极简主义很少用装饰图案，通常只使用单一的色彩，在多色配色时利用面积对比，强化主体色彩、弱化点缀色，以达到色彩的平衡、视觉的纯粹。

十、另类风格

另类风格服装是与经典风格相对立的服装风格，在立体派、抽象派、野兽派、波普艺术等现代流派的影响下，现代艺术家竭力追求自我个性，纷纷打破传统风格，追寻另类的服装风格。其款式夸张大胆，常运用不对称、对比强烈、立体的装饰元素。

另类风格服装的色彩具有明度、纯度偏高或偏低的特点。表现未来题材的另类服装常以灰色、黑色、金属色为主色。另类风格服装是艺术形态中带有激进性质的构成种类，其对审美意义的理解与阐释，基于对客观实际的现存文化的反叛与挑战，体现出传统与现代、崇高与世俗、保守与创新的观念碰撞。

另类风格服装由试验性要素强的设计或各种奇妙的设计构成，在形态、颜色、设计等方面带有试验性，其服装配色大胆但缺少普遍性，只被极少数人所接受，体现出革命的、意想不到的、叛逆的、独特的、另类的、前卫的风格。

另类风格服装也强调色彩搭配繁复与混杂的设计，色相不定，色彩对比强烈，冲击力较强；有时用色彩构成锐利、有冲出力的几何图案，给人冷酷的、年轻化的感觉。

第二节　服装色彩搭配与人体适配

一、服装色彩搭配与性别

一般来说，服装色彩搭配并不受年龄、性别这些因素的限制，因为色彩搭配本身就是为了个人有更多的选择，而不是限定人们做选择的条件。然而实际上，人们年龄的变化会带来心态的变化，这种变化的影响是连续的，而性别的差异使得男女有着不同审美与情感体验，因此，他们在色彩的喜好程度上也显现出一定的差异。所以，服装色彩搭配中必须要考虑到这种现实情况，注重性别因素对服装色彩搭配产生的影响。

一方面，男女在色彩方面的喜好差异源于生理差异。女性偏柔美，而男性阳刚之气更足。在此基础之上，男女对颜色的喜爱就出现了差异。比如，对于青色系和红色系的色相选择，男性更倾向于青色，而女性则更钟爱红色，这便是由性别差异所产生的色彩选择上的对立。

另一方面，男女对于色彩喜好的差异源于社会对二者的期望。这也同样使得男女两性在色彩的感受上出现了明显的不同。在色彩的可供选择范围上，女性显然可以做出更多的选择，她们既能选取明艳的色彩来凸显自己的个性与魅力，同样也能选取含蓄的色调来展现自己的温和与柔美。这就使得女性服装有各种不同形式的基调，可以满足女性对于不同个性的追求。与此同时，男性由于在社会中被寄予了更多的期望，需要保持一定理性与稳重的气质，所以在服装色彩的选择上也比较严谨，一般会选取一些沉稳、含蓄的颜色。

可是性别之间的界限并非一直如此，中性风的普及与流传打破了男女间性别差异的界限，女装与男装的风格都发生了变化，并在一定的设计风格中逐步向对方靠拢。

之后，随着时代的发展，男女之间的性别差异逐渐被淡化。职场女性的服装风格也逐渐向男性化靠拢，简约的线条设计同样出现在女装造型中，色彩搭配方面也不再只是选择一些鲜亮、明丽的色调，而逐渐出现一些暗色调的搭配与设计，尤其是干练、简约的设计风格深受职场女性的欢迎。男性的服装在色彩搭配上也多了一些更加鲜亮的色调，而不是是以暗沉的色调为主，服装的整体色彩设计风格也逐渐向女性化的方向靠拢。

二、服装色彩搭配与身材

服装色彩搭配与人的身材有着直接的关系。如果色彩搭配合理，不仅可以弥补人身材的不足，还可以呈现出良好的视觉效果。但如果色彩搭配不好，就很容易将人的身材缺陷凸显出来，使人在穿着服装后呈现出不理想的效果。因此，在搭配服装色彩时，一定要根据人的身材进行设计，这样才能利用色彩的视错觉达到色彩搭配的理想效果。

不同的人有着不同的身材，身材也有不同的类型之分。比较好的身材类型通常是理想型、正常型和标准型的。如果穿着者符合这些身材类型，那么他们在着装时可以选择的色彩搭配就比较广，无论是暖色调还是深色调，抑或是流行色，都可以轻松驾驭，从而彰显穿着者的身材。但如果穿着者属于肥胖型、消瘦型或者特殊体型，其色彩搭配就不能过于随意，而是应该根据自己的具体身材类型，选择适合自己身体的色彩搭配，这样可以掩盖自己身材的不足，甚至缺陷。

在色彩搭配过程中，色彩的纯度、明度都会影响人的视觉效果。通常情况下，纯度和明度都比较低的色彩很容易产生收缩的视觉效果；相反，纯度和明度都比较高的色彩很容易产生膨胀的视觉效果。同时，色彩的明度比较高，能够使人摆脱压抑感，给人一种轻松快乐的感觉。由此可见，体型肥胖的人在进行服装色彩搭配时不能选择纯度和明度比较高的服装色彩，因为这样很容易给人一种臃肿的感觉，而应该选择一些纯度和明度都比较低的色彩，即一些深色系或冷色系色彩的服装，这样会给人一种瘦的视觉效果。

在着装者整体的色彩搭配中，尤其是上装和下装的搭配不能对比太大，而是应该根据着装者的体型选择基调色。通常情况下，类似色基调和邻近色基调都是常选用的。在实际的服装色彩搭配中，有的色彩搭配在色调上存在过于统一的缺陷，这时可以通过搭配对比色来增加色彩的活跃感，避免服装色彩的呆板。一些着装者不仅身材肥胖，个头还比较矮，对于这类着装者而言，服装色彩搭配要考虑的问题很多。例如，避免肥胖带来臃肿的视觉效果，同时还应该避免肥胖带来矮小的视觉效果。因此，在服装色彩搭配的过程中，应该从这两个方面入手，合理搭配色彩，避免不足。例如，这类穿着者在选择上下着装的过程中，色彩对比不宜过强，因为对比色过强的色彩搭配给人的效果是分层的，这种分层性比较强的着装只会使着装者的身材更加矮小。除此之外，这类着装者也不能选择一些色彩比较艳的颜色，因为这些艳丽的色彩会使着装者显得比较臃肿。消瘦型身材的着装者与肥胖者体型的人正好相反，他们在服装色彩搭配过程中应该选择纯度和明度比较高的服装。也就是说，要选择一些暖色调，这样可以给人一种膨胀的视觉效果。

总之，不同的身材对服装色彩的要求也是不同的。着装者要根据自己的实际身材选择适合自己的色彩搭配。切不可不顾自己的身材，只顾颜色好看而随意或胡乱搭配，这样会很容易给人一种很差的服装色彩搭配效果。

三、服装色彩搭配与年龄

不同年龄层的人，由于身心的不同，对色彩的喜好也会随着人生不同的阶段而改变。一般将人生分为六个阶段：婴儿、儿童、青少年、青年、中年、老年等。

1. 婴儿服装色彩搭配

婴儿服装性别表现并不明显，此时的服装主要强调洁净、柔软感，淡粉、淡蓝、淡紫、淡黄等淡色是这时期常用的色调，应避免使用过于浓烈、深沉的色调。

2. 儿童服装色彩搭配

儿童的服装宜使用明确的色相，如红、绿、蓝、黄、紫等，在配色时要注意色相差与明度差。活泼可爱的色调与纯色调都很合适，并以鲜明的卡通图案造型与色彩表现儿童充满奇异幻想的天真童趣。

3. 青少年服装色彩搭配

随着年龄的增长以及对社会、人生阅历的逐渐增加，青少年的自我意识越来越强烈，逐渐具备了一定的审美。青少年时期是性格形成的重要时期，对色彩的偏好开始显现，他们不再听从大人们的建议，而是尝试着选择自己喜欢的色彩，而这种尝试往往是从模仿比他们成熟的青年人开始。因此，纯洁的白色、明快的红色、玫瑰粉色、橘黄色、黄色、蓝色、绿色等富有青春气息的色彩最受青少年欢迎。但有时候，深沉而平淡的无彩色及中性色也会成为青少年的色彩偏好。

4. 青年服装色彩搭配

青年时期是一个展现自身魅力和个性的时期，无论是工作还是生活，青年人都有自己的规划和主见。青年人在工作之余，也会更加注重自己的服装色彩搭配。因为好的服装色彩搭配能够给人留下好的印象，这对青年人的工作和生活都是有利的。

实际上，青年服装色彩搭配并不是固定的，也不是呆板的。青年人可以根据自己的喜好选择不同的色彩进行搭配，成熟型色彩搭配、可爱型色彩搭配、干练型色彩搭配、职业型色彩搭配都是可以的。很多青年人比较喜欢跟随潮流，选择一些流行色来进行搭配。尤其是一些追求个性的青年人更是如此，因为流行色象征着时尚和潮流，能够彰显青年人的个性。

5. 中年服装色彩搭配

中年人从事工作多年，有着稳定的工作和收入。经过社会的历练，他们不再像青年人那样追求个性，他们更加注重成熟和稳重的穿衣风格。因此，他们的服装色彩搭配都比较稳定，可变性不大。同时，服装色彩搭配的时尚追求已经被品质追求所代替。相比服装色彩搭配的时尚性，他们更加注重服装的品质，以此来彰显自己的社会地位。

因此，在服装色彩搭配过程中，中年人通常会选择一些稳定的色调，如灰色调和浅色调都是中年人在服装色彩搭配中的首选。总而言之，中年人在选择服装色彩搭配时不能过于追求时尚，而应该考虑自己的身份和年龄，体现中年人的稳重。同时，中年人也可以选择一些流行色服装，但选择的时候一定要契合自己的实际需要。

6. 老年服装色彩搭配

老年人人生经历丰富，积累了很多知识和经验，他们更加向往一种自然、舒适的感觉。因此，在日常的服装色彩搭配中也会追求这一感觉，他们会选择一些暗色调，也有很多老年人选择一些中性色调。总之，不同的老年人由于生活阅历、生活地域、生活习惯的不同，他们对服装色彩搭配的要求也不同。老年人应该根据自身的需求选择适合自己的服装色彩。

随着文化多元化的发展，我国的老年人在思想上也更加开放。他们不再只追求一些单一色调或暗色调，一些明艳的服装色彩也成为老年人追求的对象。这种色彩追求的变化，有利于老年人愉悦身心，也有利于丰富老年人的日常生活，这对老年人的身心健康是有利的。

第三节　服装色彩搭配与环境

一、服装色彩与自然环境色彩

不同的地域、气候条件以及季节变化等自然因素，使服装色彩形成了差异。处于南半球的人容易接受自然的变化，喜爱强烈的色彩；处于北半球的人对自然的变化感觉比较迟钝，喜欢柔和的色调。有色彩学者曾在欧洲地区对日光进行了测定，发现北欧的日光接近于日光灯色，南欧的日光偏于灯光色。人们长期习惯在一种光源下生活，就产生了习惯性的偏好。意大利人喜欢黄、红砖色，这是由于意大利的日光偏黄；北欧人喜欢青绿色，这是由于北欧的日光偏青绿色。这说明自然环境、色彩、太阳光谱成分，都可能对人们产生影响。在季节特征分明的地区，季节的交替影响着服装色彩的变化，如在我国北方，秋冬用灰暗色、暖调色，夏季要用明度色、冷调色。这是因为秋冬寒冷，暗色、暖色给人的温暖感；夏季炎热，亮色、冷色给人以凉爽感。由此可见，服装色彩带有明显的气候特征。

服装色彩与自然环境的色彩关系有两种：一种是主张服装色彩与自然环境色相反。如夏季色彩浓艳，在服装色彩上可选用单纯、淡雅的服装；冬季色彩单调，服装色彩上可选用丰富多彩的颜色。这种服装色彩与自然环境色形成对比关系的穿着理念，强调人在自然中的主体作用。另一种是主张服装色彩与自然环境色的融合。如在春季万物复苏，色彩缤纷，服装色彩上也是鲜艳多姿的；冬季百花凋零、萧然肃穆，穿着上也应朴素、深沉。这种穿着理念体现了人与自然的统一，是一种天人合一的观念。

另外，服装色彩常常寻求与自然环境色在视觉生理上达到平衡与补充。如沙漠地带的人们对黄色司空见惯，对绿色特别向往，酷爱绿色的装饰。与之相反，水草丰美的地区往往偏爱鲜艳的红色、天蓝色、鹅黄色，对与绿色相对比的服装色彩感兴趣。总而言之，服装色彩与自然环境色的对比与调和，使服装色彩装饰了人类，同时也美化了环境。

二、服装色彩与社会环境色彩

现代社会中，人们的生活空间将越来越大，人们一天中可能处在几个不同的场合，扮演不同的角色，在穿着上既要注意具体环境，还要注意职业身份、本人的角色内涵及人与人互为环境等因素。人在居室中需要安静、闲适的氛围，所以，室内服装多取环境的弱对比调和。在强调整体感、秩序感的部门工作的人员，服装色彩应与群体形成弱对比调和。导游人员通过服装帮助提高自身在群体中的注目度，所以服装色彩多取决于他人的强对比调和。酒店制服的色彩既要与内部环境相适应，又不能完全融入环境而难以辨别。野外郊游服装色彩不宜选用过于稳重、含蓄的黑、灰色，轻松明快的颜色既能放松身心，又便于在广阔的空间环境中相互识别。因此，在生活空间环境中要因时间、地点、场合及着装者形象塑造的不同要求选择适合的服装色彩。

第四节　服装色彩搭配与服装品牌文化

一、少女风格品牌文化与色彩搭配

（一）瑞丽风格

瑞丽风格属于少女风格的范畴，它的最大特点是甜美优雅。也是因为这一特征，瑞丽风格受到很多女性的欢迎。在现实生活中，很多人都将这一风格融入自己的服装色彩搭配中，因此瑞丽风格成为很多人追求的少女风格。从本质上而言，瑞丽风格主要以粉色为色彩基调，同时也会适当地搭配一些无彩色，这样的服装色彩搭配给人留下的印象是甜美优雅的。

1. 色彩意象
色彩意象主要体现在以下三个方面。
第一，甜美。瑞丽风格的色调主要是以粉色为主，粉色能够将女性甜美、可爱的特征展现得淋漓尽致。同时，这些粉色调还可以搭配一些白色、灰色，更加凸显了甜美的特征。
第二，高雅。瑞丽风格注重青色，并在青色中搭配一些白色，这种色彩搭配在明度上远离了强对比，注重弱对比。同时，瑞丽风格中注重冷色调与中性色彩的结合，这种色彩搭配能够将高雅的特征体现出来，也是少女所追求的。

第三，清新。瑞丽风格强调的青色，能够给人一种轻快柔和的感觉。在青色服装搭配的基础上适当搭配一些暖色，同时这些暖色在明度上都比较高。这种色彩搭配能够给人清新的感觉。

2. 代表品牌

歌莉娅品牌诞生于 1995 年，现已成为流行女装市场炙手可热的品牌之一。歌莉娅以环球旅行为线索，设计灵感来源于观赏世界、发现美丽的旅程，希望借助一个又一个旅行故事的分享，让每一位热爱自己、热爱自然、热爱生活的女性领略歌莉娅所倡导的身体力行的生活态度。

（二）田园风格

田园风格也是少女风格的品牌所追求的风格之一。这种风格在色彩搭配中注重自然色彩的搭配。在当今经济和文化迅速发展的时代，很多人都在追求这种品牌理念。同时，田园风格能够给人自然、舒适、浪漫的感觉。

从本质上而言，田园风格以田园风为主，注重自然色的融入，强调自然美在服装色彩搭配中的重要性。田园风格不注重装饰，更不注重一些复杂的搭配，更加倾向于白色与浅蓝色的色彩搭配，这样能够给人一种自然的感觉。同时，田园风格与传统艺术不同，它更加追求一种自然美，更加倾向于朴素的色彩。

田园风格的色彩搭配理念通常是从自然中获取，无论是自然界中的花草，还是自然界中泥土，抑或是自然界中的其他元素，都可以作为田园风格色彩理念的来源。这种来自大自然的色彩搭配理念，能够将大自然的气息体现出来。泥土色、蓝色、米白色等都是田园风格中比较常用的颜色。田园风格注重中性色调对比，凸显自然的柔和之美。

1. 色彩意象

田园风格具有自己的色彩意象，具体体现在以下几个方面。

第一，怀旧。田园风格在色彩搭配的过程中注重自然色彩的融入，反映了乡村色调。例如，墨绿色、泥土色、茶色等都是这一风格中常用的色彩。运用这些色彩进行搭配体现了自然之美，也体现了对乡土气息的怀念。

第二，亲切。田园风格在色彩意象选择中体现了亲切的特征。众所周知，这一风格的色彩配置主要是从大自然中获取的搭配理念，这种理念给人的感觉是自由、舒适的。同时，这一风格选择的自然色与材料本色最为接近，能够给人一种舒适、亲切的感觉。

第三，自然。田园风格在选择色彩意象时注重自然色的应用。自然色都是从大自然中提取出来的，要比其他色彩更具有自然性。同时，在以自然色为主的基础上适当搭配一些其他的色调，更能体现色彩意象中的自然风采。

2. 代表品牌

田园风格是非常受女孩们喜爱的装扮风格之一，在流行女装市场中占有一席之地。其中较有代表性的品牌有自然元素、江南布衣、播、谜底、达衣岩等。

(三) 学院风格

学院风格也是少女风格的品牌所追求的一种风格。这种风格不仅借鉴了英式传统的穿衣理念，还借鉴了美国的穿衣风格。学院风格注重学院特色的展现，追求的是一种低调、品质的审美。要想了解学院风格，还应该了解学院风格的色彩意象和代表品牌。

1. 色彩意象

学院风格的色彩意象主要体现在以下几点。

第一，简约。简约是学院风格永恒的追求。色彩意象主要是从学院或校园入手，蕴含着浓浓的文化气息。服装色彩搭配以简约为理念，注重浅色调，适当搭配无彩色，将简约的理念彰显出来。在女生上装和下装的色彩搭配中常常注重单色对比，通过这种对比能够体现简约的风格特点。

第二，纯洁。色彩意象中的纯洁主要是针对女生而言的。在具体的色彩搭配中，两种色彩简单组合或三种色彩搭配都是比较常见的。其色彩意象中主要以白色为主，在白色的基础上搭配一些黄色、蓝色等有彩色，这样能够彰显学院派女生的纯洁。

第三，智慧。学院风格在选择色彩意象时也会围绕知识研究、学术研究、科学研究等内容展开。这种色彩意象体现了浓浓的文化气息，给人一种智慧的感觉。在色彩搭配中，白色、灰色、蓝色等都是比较常用的色彩，在这些色彩的基础上，配以合适的图案，有利于凸显学院风格。

2. 代表品牌

E-LAND 是韩国衣恋公司的第一品牌，它以 20 岁以上的年轻男女为目标对象，品牌定位为美国大学校园风格。

该品牌崇尚经典和传统的学院精神，使用彩条和格子的混合来表现大学校园内外的穿着，充分展现出当代青年活泼、运动、健康向上的精神风貌。E-LAND服饰的单色格子衬衫是其一年四季不衰的经典服饰。

二、民族风格品牌文化与色彩搭配

民族风格品牌文化在色彩搭配中也起着至关重要的作用。这种品牌的文化理念主要以民族风格为主。民族风格是一个宽泛的概念，它涉及的内容十分广泛，不仅注重各种民族文化的融入，还注重不同地域文化的融合。正是因为这些民族文化的融入使民族风格品牌文化更加丰富和多样。同时，民族风格注重各个民族中服装色彩、款式、图案等的融入，吸收各个民族文化的精髓，立足文化与审美，使民族风格服装彰显了不同的民族特色和时尚特色。随着民族风格品牌文化在民族风格设计中的广泛应用，服装领域也出现了很多的典型风格，如东方风格、波希米亚风格等。

民族风格注重民族文化的融入，这种民族文化凸显的是地域特色。可以说，民族风格的发展离不开民族文化和地域文化的支持。正是因为这些文化的融入，才使民族风格的应用更加广泛。在色彩搭配中，民族风格着重突出的是鲜艳的特点，具体搭配色彩有红色、蓝色、黄色等，在这些色彩的基础上再搭配一些黑、白、灰等无彩色，使人在视觉上产生一种平衡感。同时，这种色彩搭配体现了强对比的特点，也正是因为这些色彩的强对比，才能将民族文化和异域风情彰显出来。

1. 色彩意象

第一，异域。色彩意象围绕地域文化展开，灵感多取自富有特色的异域自然或人文风光。如非洲的热带丛林或沙漠、古埃及壁画、东方建筑及原始部落文化等，其色彩浓烈、热情而张扬，多以高纯度的暖色调配以适当的冷色、无彩色和金属色，显得浓郁而复杂。

第二，绚烂。色彩意象围绕着不同民族地区传统的服饰色彩展开，其中最具代表性的有吉卜赛人以及印度、西班牙和中国等国家中的多个民族。其色彩取材广泛，以中明度或低明度的华丽色彩为主，主要强调色相差别，形成浓郁、绚烂、充实而成熟的色彩意象。

第三，艺术。民族风格品牌文化中的色彩意象注重艺术的融入。尤其是民族文化艺术在民族风格品牌文化中占据重要的地位，民族风格品牌文化和色彩搭配的理念主要借鉴的是民族艺术文化。例如，不同民族的绘画艺术，不同民族的手工艺术，还有不同民族的雕塑艺术等，都可以为民族风格品牌文化与色彩搭配提供很多的设计灵感。由此可见，色彩意象注重艺术文化，并从艺术文化中进行吸收和借鉴，这对民族风格品牌文化与色彩搭配的发展具有十分重要的意义。

2. 代表品牌

民族风格品牌文化有着自身的民族特色，这些特色是其他品牌文化所无法比拟的。随着民族风格的发展以及品牌文化的融入，很多设计师都意识到这一风格和文化的重要性，并将民族风格及民族风格品牌文化融入服装色彩搭配中。同时，服装设计师在设计过程中打破了重重限制，将新时代元素融入其中，真正将时代精神与民族风格有机结合，为服装设计及服装色彩搭配提供了新的思路。我国服装设计师要立足本土理念，吸收中国文化的精华，注重民族风格品牌的塑造和发展，以民族品牌文化为基点，不断设计出具有民族风格的服装品牌。同时，将这种设计理念与服装色彩搭配相结合，不断体现民族风格特色。近年来，很多民族风格品牌不断出现并发展，最为典型的代表有东北虎、裂帛等。

（1）东北虎。NE. TIGER（东北虎）品牌创立于1992年，是中国本土奢侈品品牌。作为中国服饰文化的守护者和传承者，NE. TIGER始终秉承"贯通古今、融会中西"的设计理念，致力于传承中国传统文化，振兴中国高档服装品牌。品牌早期以皮草的设计和生产为重点，迅速奠定了其在中国皮草行业中的领军地位。在30年的发展中，该品牌相继推出了晚礼服、中式婚礼服和婚纱等系列产品，并开创性地推出高级定制华服。

NE. TIGER华服的设计最能体现设计师对中国传统服饰文化独到的理解和尊重，也是传统民族服饰现代改良设计的优秀代表。其设计以"礼"为魂，以"锦"为材，以"绣"为工，以"国色"为体，以"华服"为标志，凝聚了数千年华夏服饰文化的精髓，是中国民族服装品牌的代表作。NE. TIGER华服坚持以传统的大红色、橘红色、黄色、宝蓝色、湖蓝色、紫色等结合无彩色，再配以各色丝线的织锦图案，搭配出古典而现代、华贵又高雅的色彩形象。

（2）裂帛。裂帛是中国知名设计师品牌，是国内最真实的创作力量之一。裂帛服饰坚持民族国际化的时尚路线，将年轻人的流浪情结、民族神秘特征与时尚都市的个性相融合。在多种元素的碰撞中，将民族元素演绎得精彩而富有生命力。

裂帛服饰首先反对模板化的常规，它的设计是自由、自我、直接的，是参照本心、无拘无束的。因此，在裂帛的服饰色彩里，那些诸如红色、橘色、宝蓝、草绿、藏蓝等传统的民族色犹如精灵般在历史文化的积淀里重新复活。

三、运动风格品牌文化与色彩搭配

（一）专业体育运动竞赛服装

专业体育运动竞赛服装主要应用于专业体育竞赛中。这类服装的色彩搭配需要考虑专业体育竞赛的要求，因此不能随意搭配。在色彩搭配过程中，设计师应该根据专业体育运动的特点考虑多种因素，真正使色彩搭配符合专业体育运动的需要。

不同的色彩对专业体育竞赛运动员的心理和生理都会产生影响。暖色调的色彩容易使运动员兴奋，冷色调的色彩容易使运动员情绪平静。设计师应该根据不同的体育竞赛项目进行色彩搭配。例如，射击项目需要运动员情绪平静，因此常选用一些冷色调的色彩；而田径项目需要运动员保持兴奋，因此常选用一些暖色调的色彩。

总而言之，专业体育运动竞赛服装要体现很强的专业性，不能随心所欲地进行设计，而应该根据具体专业体育项目的需要，充分考虑运动员的心理和生理需求，科学地进行色彩搭配。在具体的色彩搭配中，设计师要明确暖色调和冷色调色彩对运动员心理的影响，恰当地选择暖色调和冷色调，真正使暖色调和冷色调都能发挥各自的作用，使运动员取得好的成绩。

（二）日常生活运动服装

日常生活运动服装在日常生活中也比较常见，如篮球服、瑜伽服、健身服等。这些运动服装通常都是用于日常休闲运动娱乐的，因此在色彩选择方面并没有太严格的要求。同时，日常生活运动服装一般都是人们在工作之余或利用休闲时间进行运动时所穿的服装，因此，人们可以根据自己的爱好和需求来选择色彩搭配。一般情况下，日常生活运动服装注重纯色的融入，在色调选择上注重暖色调。同时，很多人还会选择一些轻便的运动服装，另外色彩对比比较强的运动服装也是人们的首选。例如，有彩色配以少量无彩色的运动服装受到很多人的喜爱。这种色彩搭配更加贴近日常运动中的自然环境，还有利于运动者放松心态，愉悦身心。这种色彩搭配并不是一成不变的，人们可以根据自己的需求选择不同的服装色彩搭配。

无论选择哪种色彩搭配，都不能忽略了运动风格的品牌文化特色。因此，在运动风格品牌与色彩搭配结合的过程中，应该注意两个方面：第一个方面是运动风格品牌在色彩搭配过程中应该注重流行色的融入，如果只采用常用色彩，就会使运动风格品牌不能紧跟时代潮流，也无法满足人们的审美需求。因此，运动风格品牌应该紧跟时代潮流，将流行色应用于色彩搭配中，从而使运动风格品牌能够始终走在时代的前沿，不断满足人们日益增长的审美需求。第二个方面是运动风格品牌要深入品牌内部，结合品牌文化，融入品牌精神。总之，要立足品牌，不能脱离品牌，更不能与品牌理念相悖。只有这样，才能将运动风格品牌与文化、色彩相结合，在突出运动风格品牌象征性的同时彰显品牌文化，形成色彩搭配的特色。

1. 色彩意象

（1）激情。其色彩组合活跃而充满生命的张力，是最常见的配色意象，代表色彩有玫瑰红、大红、朱红、橙色、橘色、金黄色、黄色、金色等闪耀的暖色。为体现跳跃感，常搭配沉稳的黑、白、灰等无彩色，形成强烈、醒目的对比效果，彰显着积极向上、乐观豁达而又充满激情的生活理念。

（2）跃动。色彩组合以反差极大的色相对比和明度对比为主，通过强对比形成强烈、动感的视觉冲击，达到耀眼、刺激和兴奋的效果。如鲜艳而刺目的荧光绿、荧光橘、艳蓝、橘黄、橘红、玫瑰红、钴蓝、大红等色彩之间的组合，或者与黑色、白色之间的组合等。这种色彩能给人以强烈的情绪感染，使色彩的气氛与运动本身的精神融为一体，达到高度和谐的效果。

2. 代表品牌

目前，流行服装市场代表性的运动品牌有 Adidas、NIKE、SPORTMAX、PUMA 及国内的李宁、乔丹、361°、鸿星尔克、安踏等。

四、职业风格品牌文化与色彩搭配

（一）职业制服的色彩配置

职业制服具有明显的功能体现和形象体现，不仅具有识别的象征意义，还规范了人的行为并使之趋于文明化、秩序化。

职业制服从功能角度还可以分为两大类，一类是防护类制服，主要包括工作服、劳保服等，其色彩配置主要考虑工作性质、工作环境等。如医生的手术服为蓝绿色，具有一定的镇静作用，有利于手术的顺利进行；而消防员、环卫工人的制服多为红色、橙色等醒目刺激的色彩，这主要是出于劳动保护的目的，强调色彩的识别性。另一类是标志类制服，如集团制服等，主要目的是区别不同的企业和团队，或者区别同一个企业或团队中不同职员的服务范围、职责权限和工作岗位等。如通信公司的制服、航空公司的空姐制服等。这类制服的色彩配置原则是尽量选择柔和的中性色调，如黑色、中灰色、米色、棕色、栗色、灰褐色、驼色、暗红、海军蓝等。一般服务性行业如商场、酒店等员工的制服色彩要特别避免过于刺激的色彩，以免使人产生距离感和抵触感，不利于服务行业的工作氛围。

（二）职业装色彩配置

职业装是商业行为和商业活动中最为流行的一种服装，它兼具职业装和时装的特点。与职业制服相比，职业装没有很明确的穿着规定与要求，但一定要适合规定的穿着场合，并且具有显著的流行性和时尚感。因此，它具有浓厚的商业属性。

职业装不仅追求品质、品位与流行性，而且对服装材质的要求更加考究。一般为比较高档贵重的乔其纱、真丝缎、塔夫绸、天鹅绒、毛呢面料等，款式造型上追求简洁与高雅，注重服装精致的版型和精湛的制作工艺技艺，且对服装的细节设计和精致感情有独钟，色彩配置追求恰如其分的搭配与协调。职业装总体上注重体现穿着者的身份、社会地位、文化修养及个人品位，着力表现优雅而又稳重的气质风范。

1. OL 风格

OL 是英文 Office Lady 的缩写，通常指上班族女性。OL 时装一般来说多指套裙，是较为传统和正式的女式职业服装。OL 时装主要由四个部分组成：西服、西裤、衬衫和套裙，这四件套可以根据季节和场合有选择性地搭配穿着。此外，搭配的饰品，如帽子、丝巾、胸针、皮包等，可以使服装整体感觉优雅而干练。在款式造型上，OL 风格一般以 H 型和 T 型的外轮廓为主，线条简洁流畅，不过多地强调装饰性和流行元素，反而非常注重服装的板型和工艺，强调其合体性和实用性，以突出职业女性干练、大方的特质。在服装材质上，OL 风格选择较为传统的毛料或混纺毛料，其悬垂、挺括和丰满感更有助于改善服装结构和造型。当然，随着现代纺织科技的发展，手感、外观效果较好的化纤面料、弹性面料、涂层面料、针织面料、皮革面料和肌理特别的面料等的应用也十分普遍。在色彩配置上，OL 风格强调沉稳、大方的色彩印象，通常以黑色、白色、灰色、米色和棕色等为基调，较少受流行色的影响，但可通过饰品色彩的巧妙点缀来提升活泼感和时尚感。

在现代商务环境中，职业套装的整体色彩基调就是要塑造庄重感。虽然在变幻莫测的时尚风潮中，套装的风格已经变得多种多样，但是端庄、稳重的基本原则是根本。服装色彩过分鲜艳、耀眼或者色彩搭配过分跳跃和另类，都会让职场人士显得轻佻而失去他人的信任感，这是职场色彩的禁忌。

2. 通勤风格

通勤风格与 OL 风格最大的区别是通勤风格更具有休闲感，是时尚白领喜爱的半休闲主义服装风格。休闲已成为现代社会最受重视的主题之一，休闲风格的着装也不再仅仅拘泥于度假、休闲购物时的装束，在职场、派对甚至较为正式的场合，休闲风格的着装也已成为常态。年轻的职场人士摒弃了千篇一律、严肃而刻板的职业套装，反而自信地穿起了平底鞋、阔腿长裤、针织套衫等。自然而随性的装扮，不仅保有其干练的职业感，而且使着装者看上去更温和而充满浓浓的人情味和亲切感。

通勤风格的服装在造型、面料和色彩的选择上较传统的职业套装而言有很大的突破。如款式从严谨、精致的板型中解放出来，强调松散、层次和对比，细节设计别致而醒目。其面料的选择也更具包容性，各种环保的、新兴的材质使职业装更加耳目一新，富于变化。色彩配置上除了常规的蓝色、酒红、白色、浅粉、紫色等沉静高雅的古典色及柔和的灰色调之外，也更多地与流行色结合，呈现出新鲜而时尚的风貌。

　　在年轻职场人士的推动下，设计师们变得更加大胆和自如，在通勤风格的基础上又开始演变出更多的风格倾向。在尊重职场环境和职业性的前提下，对职场人士着装风格给予多样化的人性关怀。

　　目前，国际高端服装品牌中有很多职业装风格的系列设计，如香奈尔（CHANEL）、迪奥（DIOR）、爱马仕（HERMES）、纪梵希（GIVENCHY）、乔治·阿玛尼（GIORGIO ARMANI）、华伦天奴（VALENTINO）、伊夫·圣·洛朗（YVES SAINT LAURENT）、芬迪（FENDI）等国际奢侈品牌。还有适合大众消费的品牌，如中国香港的 G2000、中国台湾的哥弟及中国内地的白领服饰等。

第六章 服装色彩搭配的原理及配色技巧

要想做到较完美的服装色彩搭配，一是要明确服装色彩搭配应当遵循的原理，二是要掌握服装色彩的配色技巧。本章主要探讨了服装色彩搭配所遵循的光色原理与视觉传达原理，并论述了不同服装色彩搭配的配色技巧。

第一节 服装色彩搭配的光色原理

一、光的解读

（一）光的概念

光是一种以电磁波形式存在的辐射能。电磁波的种类很多，其中包括宇宙射线、X射线、紫外线，可见光、红外线、无线电波、交流电波等。波长最短的电磁波是宇宙射线，最长的是交流电波。波长与振幅是决定光的物理性质的两个因素。

（二）光的类型

1. 光谱
白色（或无色的）光是由不同波长和频率的多种色光组成的。这些色光依次排列，我们称之为光谱。

2. 复色光
太阳光是红、橙、黄、绿、青、蓝、紫七种不同波长的光的复合，故称复色光。

3. 单色光

经三棱镜分解的红、橙、黄、绿、青、蓝、紫中任何一个色光，再经过三棱镜时是不能被再次进行分解的。这种不能再分解的光叫单色光。

4. 可见光谱

在整个电磁波范围内，用三棱镜分解太阳光形成的光谱，是人类肉眼所能看见的光的范围。从波长380nm到780nm的区域为可见光谱，即我们常说的光。由三棱镜分解出来的色光，如果用光度计来测定，可得出各色光的波长。不同波长的可见光在人眼中产生不同的色彩感觉。

5. 不可见光

人类肉眼看不见的光，统称为不可见光。它是指波长380 nm以下的紫外线、X线、放射性R射线和宇宙线，以及波长780 nm以上的红外线、电波等。

(三)　光的传播

1. 光传播的含义

光是以波动的形式进行直线传播。因此，光在传播时具有波长和振幅两个因素。不同的色相具有不同的波长，不同的振幅又区别了同一色相的明暗程度。同一波长的色光，其振幅越大，明度越高；振幅越小，明度则越低。

2. 光传播的方式

(1) 直射。光直接传入人眼，人眼感受到的是光源色。

(2) 反射。当光源照射物体时，物体表面反射光，人眼感受到的是物体表面光，也是人们通常所见到的物体色彩。

(3) 透射。当光照射如玻璃之类的透明物体时，光透过物体进入人眼所看到的物体色叫穿透光，它与物体表面色合称为物体色。

(4) 漫射。光在传播过程中，受到物体的干涉而产生散射，对物体的表面色有一定的影响。

(5) 折射。光在传播过程中，通过不同物体时产生了方向变化，称为折射。其反应在人眼中的色光同于物体色。

二、色体系

(一)　色调

色调是指整体色彩外观的重要特征与基本倾向。色调是由色彩的明度、色相、纯度三要素综合而成的，其中某种因素起主导作用，就可以称为某种色调。以色彩的明度来分，有明色调（高调）、暗色调（低调）、灰色调（中调）。如果要把明度与色相结合起来，又有对比强烈色调、柔和色调、明快色调等。

从色彩的色相上来分，有红色调、黄色调、绿色调、蓝色调、紫色调等。从色彩的纯度上来分，有清色调（纯色加白或加黑）、浊色调（纯色加灰）。把纯度与明度结合起来，又可分明清色调、中清色调、暗清色调。从色彩的色性上来分，有暖色调、冷色调、中性色调等。

（二）色立体

1. 色立体的含义

将不同明度的黑、白、灰，按上白、下黑、中间为不同明度的灰构成的等差序列关系排列起来，构成明度序列；或是将不同色相的高纯度色彩，按红、橙、黄、绿、蓝、紫、紫红等环列起来，构成色相环；或是将每个色相中不同纯度的色彩，外环为纯色相、内环纯度降低，按等差纯度排列起来，得出各色相的纯度序列效果；或是以无彩色黑、白、灰明度序列为中轴，色相环围绕中轴，以纯色与中轴构成纯度序列。这种把千百个色彩按明度、色相、纯度三种关系构成在一个整体中，形成一个从上到下、从里向外的立体构成模式，称为色立体。

2. 色立体的分类

（1）美国孟赛尔色立体。

色立体就是一种立体色彩图，色彩三属性——色相、明度、纯度是以三维空间方式来表达的，这样更立体、更直观。孟赛尔色相环是由红（R）、黄（Y）、绿（G）、蓝（B）、紫（P）五个基础色以及中间插入的黄红（YR）、黄绿（YG）、蓝绿（BG）、蓝紫（RP）、红紫（RP）共 10 种色相组成。每个色相又分成 10 个等级，这就形成了 100 个色相刻度的色相环。孟赛尔色立体的中心轴是无彩色系，其分为 11 个明暗等级，由中心轴向外延伸就是纯度等级，离中心轴越远，纯度越高。

（2）德国奥氏色立体。

奥氏色立体由黄（Y）、红（R）、群青（UB）、海绿（SG）四色和四种间色——橙（O）、紫（P）、蓝绿（T）、叶绿（LG）组成。其有八个主要基本色相，对每个基本色相又进行了三等分，然后从黄到绿做了编号，形成了 24 色相环。奥氏色立体中，三角形的最顶端是各种色相的最纯色，并以垂直的中心轴作为明度等级的变化。

（3）日本 PCCS 色立体。

日本 PCCS 色立体和奥氏色立体比较相似，包括三个无彩色系的色调和 12

个有彩色系的色调，中心轴是明度色阶表，共有 11 个等级，纯度定为 9 级，包括低纯度区、中纯度区和高纯度区。

根据以上各色彩体系制作的色立体和色立体图册，提供了色彩的标准配色标样，给人们带来了极大的方便，让人们对色彩有了更为明确的认识。那么多变化细微的色彩组合在一起，让人们更能产生丰富的想象，以便创造性地搭配色彩。

3. 色立体的作用

色立体，好似一部色彩大词典，是一部极为科学化、标准化、系统化以及实用化的工具书。首先，它科学地采用色立体体系编码标号为色彩定名。虽然以往常用的惯用色名法和基本色名法在实际应用中很普遍，但缺乏科学性与准确性，一般只能用这些色名使人想象色彩的大概面貌，难以准确地运用和传达色彩信息，更难以在国际上进行交流。目前，色立体定名法是色彩定名标准化的好方法，有利于国际性的色彩交流。色立体的建立还为色彩设计者（包括画家）提供了丰富的色彩词汇，可以用来拓宽用色视域。其次，色立体形象地表明了色相、明度、纯度间的相互关系，有助于色彩的科学分类、研究和应用，有助于对对比与调和等色彩规律进行理解。

建立标准化的色谱，给色彩的使用和管理带来了很大的方便，尤其对颜料制造和着色物品的工业化生产标准的确定更为重要。因此，现代色立体的产生，主要是满足现代化工业生产的需要，同时，艺术实践亦可从中获益。

（三）色的混合

1. 加法混合

加法混合是指色光的混合，三原色光是朱红、翠绿和蓝紫，这三种光按一定的比例混合起来就是白光或者比较亮的灰色光，因此，两种以上的色光混合，光亮度就会提高，也就是明度提高，这种方式就叫作加法混合。例如，朱红+翠绿=黄色光；翠绿+蓝紫=蓝色光；蓝紫+朱红=紫色光。黄色光、蓝色光、紫色光都是间色光。

如果只有两种色光混合就能产生白色光，那么这两种色光就是互补色光。例如，朱红+蓝色=白色光；翠绿+紫色=白色光；蓝紫+黄色=白色光。

色光中的各色相混合，最后得出的色光颜色与色光搭配的比例、亮度和纯度有关。

2. 减法混合

减法混合主要是指颜料的混合，包括各种绘画颜料的混合、油漆色彩的混合等。各色混合使明度降低，混合的色越多，明度越低，纯度也越低。色料三原色红（品红）、黄（柠檬黄）、蓝如果按一定的比例相混合，就会得到黑色或深灰色。

各种色彩相混合得出的色彩跟色彩搭配的比例、明度、纯度都有关系，想得到理想的色彩，就要掌握好这些关系。

3. 空间混合

色彩在视觉外并没有进行混合，而是把色彩并置在一起产生相互关系。色彩在一定的空间里进入视觉内之后混合，产生一定的色彩效果，这种方式叫作空间混合。

空间混合并不是色彩真的混合，而是把色彩并置在一起，通过一定的空间距离，根据眼睛的生理特点，把色块处理成合理大小。在空间里，细密的色彩已经互相影响，进入人的视觉之后就会感觉到混合之后的色彩面貌了。

空间混合主要运用于印刷技术和电视电子技术等。在印刷技术上一般只用四种色彩，即红、黄、蓝、黑，但是因为这四种色彩印刷到纸上的色点足够小，故我们在比较近的距离看书也看不出色点来，需要借助放大镜才能看到这四种色点。

三、光与色

（一）光源色

我们把能够发生电磁波的物体称为光源。光源分为自然光源与人工光源。太阳属于主要的自然光源，灯光与火光属人工光源。由各种光源所发生的光因光波长短、强弱、比例性质不同会出现不同的色光，这种色光称之为光源色。如白炽灯的光所含的黄色和橙色波长的光比其他波长的光多则呈黄色，荧光灯的光含蓝色波长的光多则呈蓝色。

（二）物体色

物理学研究发现，物体表面并没有色彩，物体之所以能显现出各种色彩是由于光的作用。光作用于物体之上，会出现吸收、反射、透射等现象，而各种物体结构的差异性使之具有选择吸收、反射、透射色光的特性。多数情况下，人们所看到的是被物体表面反射回来的色光，这部分反射光的成分就是物体所表现的色彩，称物体色。

（三）色光三原色

太阳光虽含有七种色光——红、橙、黄、绿、青、蓝、紫，但其中以红、绿、蓝三种色光为基本，它们按不同比例互相混合，可以产生其他各种色光，还可以混合成白光，但它们却是其他色光所无法合成的。因此，红、绿、蓝被称作色光三原色。

（四）光与色的关系

1666年，英国科学家牛顿的试验，论证了光与色的关系。牛顿的这一试验从物理学角度证明，物体本身并没有色彩，但它能够通过对不同波长色光的吸收、反射或透射，显示出发光体中的某一色彩面貌。如果物体呈现复色感觉，那是由于其表面反射不同光量的单色光造成的。

物体色的生成都是以日光为前提的，否则，物体色的显现就会截然不同。此外，光的强度也会改变物体色的倾向。

由此可见，有光才有色，光的明亮程度不仅能够左右物体色的明暗，而且对其色相及纯度也有影响，所以说光是决定物体色形成的第一要素。光是色产生的原因，色是光被感知的结果。换句话说，色彩的产生离不开光，没有光也就没有人们对色彩的感觉。

色彩是物理刺激作用于人眼的视觉特性，而人的视觉特性是受大脑支配的，也是一种心理反应。所以，色彩感觉不仅与物体本来的颜色特性有关，而且还受时间、空间、外表状态以及该物体的周围环境的影响，同时还受各人的经历、记忆力、看法和视觉灵敏度等因素的影响。

三、服装色彩搭配中依据的光色原理

（一）日光照射下的服装演色性

在不同的季节、天气、时刻（早、中、晚）条件下，日光有不同的变化。例如，早晚的日光偏暖，中午日光发白，阴天雾天的日光偏冷青灰或黄灰色。日照光线的不同，必然导致服装色彩的变化。通常情况下，日光下的服装受光面色相倾向于光源色+服装固有色，背光面色彩灰暗、纯度变低，色相亦有变化，与受光面明度差异大，阴影部分色彩纯度低。

（二）普通灯光照射下的服装演色性

普通灯光的色光是低纯度、橙黄色的暖色光。在这种色光的照射下，服装色彩的色调比较统一，明度一般都会变低。而且，不同的服装色彩，有不同的演色性。红色服装的色彩，红色中增添了黄色；黄色服装的色彩，更加光亮，并且含有红色；橙色服装的色彩，色相不变，明度更高，纯度更纯，格外艳

丽；绿色服装的色彩，变成灰暗浑浊的黄绿色；青蓝色服装的色彩，变成灰青蓝色，明度、纯度都降低；紫色服装的色彩则变成接近黑色的暗紫色。

（三）日光灯照射下的服装演色性

白色日光灯（荧光灯）色光偏冷，带有淡淡的蓝色。在它照射下的服装色彩，同样具有演色性。通常情况下，红色、橙色以及褐色系的服装色彩、色相没什么变化，但明度和纯度都会降低；黄色服装色彩变化不大；柠檬黄服装色彩则倾向蓝色；土黄类的色彩纯度会降低；绿色与蓝色系服装的色相不受日光灯影响，但是冷调会加重，明度会偏高；紫色与紫色类的服装色彩，会丧失一部分红色，偏向玫红色。

（四）彩色灯光照射下服装演色性

彩色灯光在生活中应用广泛，如节日装饰、广告宣传用的霓虹灯、舞台的灯光照明等，在黑夜的背景中光芒四射，异彩纷呈。在彩色灯光照射下，服装演色性最为强烈，故而晚礼服、演出服的服装色彩选择必须考虑周全。

此外，如果服装色彩与灯光色相同或相似时，服装色彩就会更加鲜亮，即明度、纯度有提高现象；如果服装色彩与灯光色相异或为互补关系，受光后的原色就会变暗，明度、纯度会减弱。

第二节 服装色彩搭配的视觉传达原理

一、服装色彩视觉生理现象

（一）视阈与色阈

视阈是指能产生视觉的最高限度和最低限度的刺激强度，通俗来讲，是指人眼在固定条件下能够观察到的视野范围。视阈内的物体物像最清晰；视阈外的物体则呈现模糊不清的状态。视阈的范围因刺激的东西不同而有所不同。

人眼对色彩的敏感区域被称为色阈。由于视锥细胞中的感光物质分布情况不同，所以只形成一定的感色区域。中央凹是色彩感应最敏感的区域，由中央凹向外扩散。色彩的视觉范围小于视阈，这是因为视锥细胞在视网膜上的分布不同、颜色不同，视觉范围也有所不同。

（二）视觉适应

生物在自然生存竞争中的进化具有了适应环境变化的本能，人类在与自然环境相互作用的过程中，也逐步形成了许多适应自然环境的本能。比如，在强光下，眼睛会自动调节瞳孔，减少进光量，以此保证视觉敏感度，减轻视觉疲劳。人的这种感觉器官适应能力在视觉生理上叫作视觉适应。

（三）色的错觉与幻觉

物体是客观存在的，但视觉现象在很大程度上是主观的东西在起作用。当人的大脑皮层对外界刺激物进行分析、综合发生困难时，就会造成错觉；当前知觉与过去经验发生矛盾或者思维推理出现错误时，就会引起幻觉。色彩的错觉与幻觉会导致一种难以想象的奇妙变化。我们在从事色彩设计实践时常常会碰到以下几种情况。

1. 视觉后像

当视觉作用停止后，在眼睛视网膜上的影像感觉并不会立刻消失，这种现象叫视觉后像。视觉后像的发生是由于神经兴奋所留下的痕迹导致的，也称为视觉残像。

2. 同时对比

为什么在明亮的背景前所有物体的颜色都变暗，在黑暗的背景前所有的物体的颜色都变亮？为什么在红纸上写黑色的字，黑字中带着绿色的感觉？这些是因为各种不同色彩相邻时会发生程度不同的同时对比作用。色彩的同时对比是由于眼睛同时受到不同色彩刺激时，色彩感觉会发生互相排斥。

色彩同时对比，在交界处更为明显，这种现象被称为边缘对比。色彩同时对比的规律有如下几条。

（1）暗色与亮色相邻，亮色更亮、暗色更暗；灰色与艳色并置，艳色更艳、灰色更灰；冷色与暖色并置，冷色更冷、暖色更暖。

（2）不同色相相邻时，都倾向于将对方推向自己的补色。

（3）补色相邻时，由于对比作用强烈，各自都增加了补色光，色彩的纯度也同时增加。

（4）同时对比效果随着纯度的增加而增加，以相邻交界之处即边缘部分最为明显。

（5）同时对比的作用只有在色彩相邻时才能出现和产生，其中以一色包围另一色的效果最为明显。

（6）同时对比的效果可以采用适当的方法加以强化或者抑制。强化的方法包括：提高对比色彩的纯度，强化纯度对比作用；使对比之色建立补色关系，强化色相对比作用；扩大面积对比关系，强化面积对比作用。抑制的方法包括：改变纯度，提高明度，缓和纯度对比作用；破坏互补关系，避免补色强烈对比；采用间隔、渐变的方法，缓冲色彩对比作用；缩小面积对比关系，建立面积平衡关系。

3. 色彩的易见度

在白纸上写黄色的字和黑色的字，哪一个看起来更清楚呢？生活经验告诉我们，当然是白底黑字清楚。原因是人眼辨别色彩的能力是有限的，当色与色过于接近，由于色的同化作用，眼睛便不容易辨别。色彩学上把可以看得清的程度称为易见度。色彩的易见度和光的明度、色彩面积大小有很大的关系。光线太弱，人们易见度差；光线太强时，由于炫目感，易见度也差。色彩面积大，易见度也大；色彩面积小，易见度则小。

（四）色知觉恒常

1. 色知觉恒常的含义

当色知觉的条件（角度、照明度）在一定范围内改变时，色知觉映像仍保持相对稳定，这种现象是色知觉恒常。

2. 色知觉恒常的种类

（1）明度恒常。

观察一个站在阳光下穿浅灰衣服的人和另一个站在阴影处穿白衣服的人，二者相比较，虽然在阳光下浅灰衣服对光的反射量比在阴影处的白衣服对光的反射量多，但我们仍然感到阳光下的人穿的是浅灰衣服，而在阴影处的人穿的是白衣服。这种现象称为明度恒常。

（2）色恒常。

我们把一张白纸投照以红色光，把一张红纸投照以白光（全色光），二者比较，虽然两张纸都成了红色，但眼睛仍能区分出前者为红光下的白纸，后者为红纸。这种把物体的固有色与照明光相区别的能力为色恒常。

二、服装色彩的视错觉

（一）色相错觉

当某一色彩在受到其他色相颜色的比较和影响下，会产生色感偏移，这就是色相对比所引起的错视。

例如，同一明度、纯度的黄色，分别放在红底和蓝底上，呈现出的色彩倾向是在红色底色上的黄色偏橙色，而蓝色底色上的黄色则偏绿色。这是因为，橙色中含有红色和黄色，红色成了共性成分，当相同成分被融合后相异的成分会变得更加突显。

（二）明度错觉

两种明度有差异的色彩放置在一起，在相互映衬下，明度越高的色彩感觉越明亮，明度越低则越暗淡。如将同一明度的灰色调，分别放在反差大的白色和黑色底色上，人们会发现，白色反衬下的灰色看上去更灰暗些，而在黑色反衬下的灰色看上去更显明亮些。

（三）纯度错觉

同一纯度的两块色彩，把其中一块和纯度高的色彩放在一起，那么这一块色彩看上去纯度要低些，这是纯度错视。也就是说，同一种色彩，遇艳则浊，遇浊则艳。

有彩色放在无彩色（黑、白、灰）的底色上，虽能增加明度，但画面的色彩感会减弱。这是因为有彩色与有彩色对比色感强，有彩色与无彩色对比色感弱。

（四）补色错觉

红和绿、黄和紫都互为补色，把它们并列在一起时，会使彼此的色感愈加鲜明而产生强烈醒目的效果。这是因为色彩产生的补色残像相互重叠，增强了色彩的对比效果。

（五）距离错觉

在同等距离下观察，有些色彩看上去距离人近些，有些则感觉远一些，这与色彩的波长和明度有关系。一般来讲，波长较长的暖色和明度高的色彩有向前感，波长较短的冷色和明度低的色彩有后退感。

利用色彩的距离错觉，能够使某一种商品在同一货架上从同类商品中"脱颖而出"，吸引顾客的眼光。

第三节 不同服装色彩搭配的配色技巧

一、配色角色的类型与技巧

同小说、电视剧中有主角、配角一样，服装配色也有角色之分。在进行服装配色时，只有做到各种色彩各就其位，主次分明，层次清晰，才能够搭配出完美的色彩效果，充分展现出服装与人、自然、社会的完美和谐。

（一）配色角色的类型

1. 主角色

主角色是服装配色的中心色，其他色彩的选择都要以其为标准。在服装配色中，服装穿着者的身体颜色就是主角色。在个人形象设计中，人体颜色是个人服装配色选择的标准，要以是否适合穿着者身体颜色、是否能更好体现穿着者精神面貌为标准。在服装色彩设计中，服装色彩的选择要以适应穿着者的生活方式与性格气质为准，可以不必考虑具体穿着者的人体颜色。

人类是自然界中的一部分，皮肤、头发、眼睛等具有与生俱来的颜色，它们也有自己的色彩特点及生理规律。人体与生俱来的颜色特征是由三种元素构成的：血红素、黑色素、红色素。

血红素决定了人类基因色的冷暖倾向，当血红素比例较多时，皮肤偏暖；当血红素比例较少时，皮肤偏冷。

黑色素的多少决定了个人体色的轻重程度。

红色素透过皮肤色会显现冷、暖的区别。暖色调的皮肤，红色素显现珊瑚粉色；冷色调的皮肤，红色素呈现玫瑰粉色。

根据人体中以上三种元素含量的多少，结合大自然四季的色彩特征，人体色可以分为春季型、夏季型、秋季型、冬季型四种类型。一般情况下，设计中会根据这些类型进行不同的搭配。

2. 主要色

主要色是指在服装配色中占据主要面积的一种或两种颜色。主要色决定服装配色的整体风格与印象，而适合服装穿着者的配角色可使穿着者充满活力，精神洋溢。

3. 点缀色

点缀色是指在色彩组合中占据面积较小，视觉效果比较醒目的颜色。一般情况下，点缀色比较鲜艳饱和，有画龙点睛的效果。点缀色也经常出现在服饰配件设计和面料花色设计中。例如，黑色的皮包常使用亮泽的金属扣做点缀，暗的花底色上则出现艳丽色彩的点缀。

4. 调和色

当主要色之间对比过于强烈或者其中一种色彩过于突出时，加入调和色可以起缓和作用。黑、白、灰色通常用来做调和色。

(二) 配色技巧

(1) 在服装色彩设计中，主要色和点缀色是关键。在色彩选择过程中，无论用几种颜色来组合，首先要考虑用什么颜色做主体色调。当然，服装配色有时出于某种目的，并不一定要分清主要色与点缀色。有时，各种颜色相混杂，通过空间混合也会产生良好的色彩效果。

(2) 以上这些主要的服装色彩角色并不是在每次服装配色中都同时存在。在通常状况下，以出现三种色彩角色为宜。

二、对比型服装配色技巧

(一) 对比型服装配色的含义

对比型服装配色是指在服装配色中几个色彩角色主要采用在色相、明度、纯度上呈对比关系的色彩。这种配色使整个服装配色效果对比强烈，重点突出，使穿着者充满活力与动感。

(二) 配色技巧

1. 突出中心

在服装设计中，人体的头部、颈部、胸部、腰部、腿部等部位是人们视觉的焦点，因此，这些重点部位在服装设计中往往被设计师有意识地突出设计，以取得画龙点睛的效果。

我们可以采用提高纯度、加大明度对比、加大色相对比这三种方法来取得突出中心的配色效果。

2. 制造一个亮点

在服装配色中，有时色彩选择中规中矩，总觉得平淡无奇，感觉少了些什么，缺少点儿精神和品位。这时，我们可以加入些小面积点缀色，这样就能为平淡的服装增加亮点，加深人们的印象。我们可以采用加入小面积点缀色，减弱主要色、调和色等角色色彩来凸现亮点。

3. 加入鲜艳的色彩

在色相环中，纯度、明度越高的色彩越有朝气和活力。如果想体现服装配色的活力与动感，可以适当加入鲜艳的色彩。

4. 增加色彩种类

一些采用黑白灰配色的服装，虽然配色经典，无可挑剔，但总有些单调，缺乏生机。适当加入些其他颜色，就会显得更加生动有品位。

5. 加大明度差

加大配色间明度差可以给服装带来活力。

6. 采用分离配色法

分离配色法就是不按照色相环上色相、明度的顺序进行配色，追求色彩的独立性与随机性的配色方法。这种配色法能使服装色彩更有节奏感和活力感。

7. 加入补色

加入补色后，整个配色过程就显得很完整。加入对比色，能使服装配色生动活泼起来。由于补色是对比关系最强的色彩，因此，在加入补色时，要注意各自面积的比例。

8. 加入对比色

对比色与补色相比，由于它在色相环上位置相距更近，所以配色的效果兼具对比和调和的感觉。

9. 全色相型配色法

全色相型配色是指在服装配色时，选择色相环上的每个色相，可以使服装具有色彩缤纷、充满活力的感觉。

10. 三角形配色法

运用三原色等在色相环上呈三角形位置排列的色彩进行服装配色的方法，称为三角形配色法。这种配色效果稳定而又富于变化。

11. 十字形配色法

运用在色相环上呈十字形位置排列的两组对比色彩进行服装配色的方法，称为十字形配色法。这种配色效果变化强烈而稳定。

12. 恰当使用黑色

黑色在服装配色中被恰当使用，会使服装更具力度，增加神秘感和吸引力。

13. 恰当使用白色

白色在服装配色中被恰当使用，会使服装更加突出。

三、调和型服装配色技巧

（一）调和型服装配色的含义

调和型服装配色是指在服装配色中的几个色彩角色主要采用在色相、明度、纯度上呈调和关系的色彩。其服装配色效果统一和谐，稳定保守，使穿着者具有温馨、优雅、恬静的感觉。

（二）配色技巧

1. 邻近色配色法

使用在色相环上色相靠近的色彩来进行服装配色，使整体效果稳定、温馨。

2. 统一色调配色法

纯度和明度又统称为色调。将服装配色统一至同一色调中，会产生统一和谐的效果。

3. 双色调配色法

使用同色系或邻近色系中两种色调的组合配色方法，常见的是同一色相的淡色、明色组合或者暗色、明色组合。其配色效果具有稳定感、怀旧感。

4. 对比双色调配色法

在双色调配色的基础上，再加入对比色，使整个服装配色舒适稳定又不失活力。

5. 渐进配色法

按照色相环上色相顺序或明度顺序进行服装配色，具有节奏感和稳定感。

6. 缩小色相与明度差配色法

将色相或明度差缩至最小，可以营造出高雅恬静的配色效果。

7. 添加呼应色配色法

在配色中添加重复的呼应色，使色彩上下或左右呼应，使整体配色融为一体。

8. 利用白色使色彩柔和自然配色法

使用中性的大面积白色可以使整个配色看上去柔和自然。

四、不同服装色彩搭配的常见技巧

(一) 遵循色彩比例

色彩比例是指服装设计中根据形态切割、色彩配置等内容进行区域划分。更为直观的解释是不同色彩的区块在服装面料上所占的面积、数量、明暗度等的比例。例如，外套纽扣的色彩以及内部服装的彩色小点有序排列，通过不同的大小、面积、数量进行协调运用，可以增强视觉效果。

(二) 保持色彩层次感

在服装色彩搭配协调统一的前提下，集中色彩要素形成一定组织化的关系，引起视觉刺激的强弱对比，突出被强调部位，减弱虚化普通部位，形成层次美感。同一平面内，某一部分鲜艳的色彩与某一部分朴实的色彩并置会产生前后距离感，鲜艳的色彩靠前而突出，朴实的色彩靠后；明暗程度高的色彩与明暗程度低的色彩并置会产生前后的距离感，明亮的色彩靠前，灰暗的色彩靠后；颜色相同的情况下，完整形态的色彩与不完整形态的色彩并置会产生前后距离感，完整形态的色彩靠前而突出，不完整形态的色彩靠后；颜色相同的情况下，动态的色彩与静态的色彩并置会产生前后的距离感，如动态的流苏与静态的服装块面，流苏靠前，完整的块面靠后；附带造型的色彩与平面的块面并置会产生前后的距离感，附带造型的色彩靠前而突出，平面的块面靠后；附带图案的块面与平面的块面并置会产生前后的距离感，附带图案的块面突出，平面的块面靠后等，由此形成变化丰富的层次，产生虚实变化的美感。

(三) 与服装消费群体特征相吻合

在设计服装时，色彩搭配应该充分考虑消费者群体的特征是什么，站在年龄、性别、喜好、职业、体态等角度进行考虑，针对不同的消费者群体，运用不同的色彩搭配观念。如对于儿童这一群体来说，在色彩搭配过程中应该注意选择一些视觉冲击力效果强的颜色，就像橙色、红色、蓝色等，这些颜色不仅会在视觉上给人眼前一亮的感受，还可以充分体现出儿童群体天真、活泼的性格特点。再如对于中老年群体来说，色彩搭配应该以一些低调的颜色为主，像黑色、灰色等可以作为其主色调，符合中老年人简单、低调的生活态度。除此之外，还有年轻人群体、青少年群体等，在进行色彩搭配时必须充分考虑到这些因素，才能提高消费者的满意度。

（四）与服装工艺相结合

　　服装是常见且必备的日常用品，随着社会经济的快速发展，人们在服装消费方面的购买力大幅提升，并且对服装的工艺制作水平也提出了新的要求。色彩搭配对于服装设计而言是一个需要重点关注的问题，制作工艺同样需要引起设计师的关注，将色彩搭配和服装制作工艺相结合，才能够促进色彩搭配效率的提升，才能够提高服装设计的艺术效果水平。首先是色彩搭配与拼接工艺的结合，为了进一步增强服装的装饰性效果，很多服装设计师都选择色彩拼接的设计理念。色彩拼接设计对于不少现代人来说可以满足他们对颜色的喜爱要求，而且还能够体现出这部分消费者群体的情感和性格特征，比如色彩拼接设计在运动服装上的运用较为广泛，而喜欢这种设计理念的消费者群体大都热爱体育运动。其次是色彩搭配与撞色设计的结合，服装设计中的撞色工艺主要是将对比鲜明的色彩搭配在一起，这样可以让两种色彩呈现出相互衬托或者相互对比的效果，会给穿着者带来不一样的新鲜体验。

（五）保持单纯化优势

　　就配色而言，单纯化是要求表现中尽可能使用少而精的色彩语言，即对同一个表现主题使用的颜色数目越少越单纯化。

　　单纯化符合人类的知觉特征。为了便于认知与记忆，人的知觉有将视觉对象简化的本领，即把物象主要的及最引人注目的特征保留下来，而将那些不具备典型性的、次要的特征忽略掉。对于复杂的结构，视觉会感到迷惑和不够清晰，所以人在视觉心理方面乐于接受单纯的东西。

　　单纯化适合时代的需要。单纯的设计便于加工，能够节约成本，符合经济原则；单纯的服装便于打理，符合现代生活快节奏的要求；单纯的形象与现代设计的大潮流一致，具有时代感。

　　单纯不同于简单，简单有缺乏、不完善之意，单纯则是对对象本质特征的高度概括，即在配色中选取那些最能代表意象的颜色，而省略无关紧要的色。

　　单纯是现代服装色彩设计的重要原则之一，那些卓有成就的服装设计名师都精于色彩单纯之道，他们的作品有时只用一两个颜色，却依然于简洁中透出充实之感。用极少的颜色配色要免于单调、生硬，需要使用丰富的表现技巧，如以重复用色的方法来避免简单感，并使整体相互呼应，以材料质感的多样化来创造整体感和丰富性。

（六）巧妙运用分隔色

分隔色就是用来分离开其他颜色的色。分隔色的作用有两个：一是介入调节，当配色对比过强或过弱时，分隔色能起调和作用，使对立的颜色变缓和，含糊的颜色变清晰；二是装饰，分隔色更多的是以装饰的面貌出现，在服装中它是一种重要的设计手法。

分隔手法在图案面料及民族、民俗服装中最常见。在面料中，分割色被用作图案勾边、撒底色、单元图案区域划分等。在服装中，分割色被用于贴补、刺绣、勾边或作为纯粹的装饰方法用于衣服的绲边、镶边、荡条等。这些传统方法在现代服装中也被广泛采用。除上述典型用法之外，也可以将分隔色灵活地以不规则的块、面、线穿插于配色中，使之巧妙地融入整体。另外，服饰品、配件等也能起到分隔调节作用。

（1）黑、白、灰是最常用的分隔色，既鲜明又不刺激。

（2）金属色包括金、银及其他金属色，也是较好用的分隔色，但一般不宜多用。

（3）彩色是服饰中广泛采用的分隔色，使用中应注意保持与被调和色的色差，也可以直接从配色中选取颜色。

（七）结合场合需要进行搭配

为了促进色彩在服装设计中的全面应用，可以根据服装使用场合进行色彩的进一步转化，不同的场合所需要的服装搭配和色彩也是不同的，在这种情况下，需要根据既定的规则进行服装的合理搭配和设计。在商务场合，服装搭配需要营造沉稳、庄重的感觉，需要在服装设计中使用中等纯度的色彩以及挺括的面料，从而营造适合商务场合的沉稳庄重感。在宴会场合，需要营造一种绚丽夺目的感觉，因而需要利用色彩的明暗变化进行服装风格的调和。根据服装所使用的场合全面应用色彩，可以使个人融入不同场合中，从而加强自身的环境适应能力。在不同场合，对服装设计的色彩应用的需求不尽相同，根据场合的需求进行服装搭配的色彩应用，也是关键环节之一。

（八）重视传承与创新

色彩运用的历史悠久，是世界文化发展史的重要组成部分。服装设计不仅要继承前人留下的色彩定位应用经验，还要注意创新。图形设计的色彩搭配应与更丰富的表现形式相关联。随着经济全球化进程的加快，我国经济的不断发展，人们日益增长的物质和精神文化需求对服装设计提出了更高的要求。图形设计的技能和应用方法的开发，也促进了彩色教育应用方法的开发和内容的革新。在设计作品的过程中，只有正确使用颜色，才能真正提高服装设计作品的美感。在合理使用传统色彩系统的同时，必须认识到创新的重要性。只有将各种各样的色彩系统整合到图形设计作品中，才能有效提升图形设计作品的美感，赋予其新的时代意义。

（九）始终坚持与时俱进

色彩应用需要立足现实，同时与时俱进。服装设计需要与时俱进，色彩应用亦是如此，需精准掌握时代特征，经过色彩应用促使服装更加具备时代感，还需全面考虑不同人群的审美意识与接受心理。不同的人群对于色彩的选取有着非常大的区别，其包含了穿着人员肤色、年龄以及体态等要素，设计人员还需充分考虑穿着者的喜好，一个成功的色彩搭配不但需要色彩创新，还需融合服装的文化、面料以及剪裁等要素，唯有相关元素实现高度的和谐统一，才可以使得服装具备更强的魅力。在设计之时需要充分融合时代特征应用色彩，提升服装的艺术性，展现穿着者的气质。值得关注的是，充分考虑区域差别同样是色彩应用需遵守的准则，不同地区的人群对于色彩的喜好全然不同，比如北方的人大都喜爱较为热烈的色彩，但是南方的人大都偏向相对素净的色彩。

第七章　服装色彩搭配与流行色

服装作为时尚行业的主体，它与流行色的关系也是最为密切的，因此服装设计师一定要了解流行色的相关知识，更主要的是要学会应用流行色设计服装的方法，养成关注流行色和对流行色敏感的习惯。本章主要对服装色彩搭配与流行色的相关知识进行了论述。

第一节　流行色解读

一、流行色的概念

流行色（Fashion Color），意为时髦的、时尚的色彩，是指在一定的时期和地区内被大多数人所喜爱或采纳的几种或几组色彩。它是一定时期、一定社会环境下的政治、经济、文化、环境和人们心理活动等因素的综合产物。

由于流行色迎合了消费者审美心理的需要，因此，流行色对消费市场的影响很大。服装流行色亦是如此。在国际服装市场上，一些经济发达、消费水平高的国家和地区，流行色的作用更加显著。流行色对商品的生产、销售和消费起着重大的指导和引导作用。可以看出，对于流行色的把握在当今的商品和信息社会中是十分重要的。

二、流行色的影响因素

（一）民族地域

国家和民族之间由于政治经济、文化、科学、艺术、教育、宗教信仰、人种肤色、性格、生活习惯、传统风俗等因素的不同，所喜爱的色彩也是千差万别的，流行色的产生往往具有民族地域性。

（二）经济发展

随着社会进步、经济文化的迅速发展，人们的审美心理也日益成熟。一些大事件的发生能够在一定时期内影响到色彩的流行，社会生活的氛围或政治文化背景也能在流行色中得到相应的体现。当一些色彩迎合了具体时代背景下人们的兴趣爱好、主流追求时，这些色彩便被赋予象征时代精神和风貌的意义，广泛流行。

经济状况决定人们的色彩倾向。当经济开始衰退、进入大萧条期后，人们的心理整体趋向于压抑，经济状况也影响到产品的制造和消费，于是服装色彩变得灰暗；而一旦经济走出低谷，人们心情畅快，愿意接受新鲜事物，服装色彩也就呈现出亮丽的趋势。设计成本在产品价值中所占的比例与当前的经济现状息息相关，流行色就必然会从服装纺织等产品的附加值中敏感地反映出来，因而发达国家和地区更能体现流行色的存在和发展。

（三）科技进步

科技发展是人类社会生活的一部分，在一定时间和范围内也会对时尚产生影响。20 世纪 60 年代初，人类刚刚开始探索太空，人们对宇宙奥秘的兴趣日渐浓厚，为适应人们的猎奇心理和兴趣，国际流行色协会发布了色相各不相同、非常浅淡的一组色彩，称为"宇宙色"，这一色彩在世界各地的消费品设计中迅速流行。

科技的飞速发展伴随着观念更新，同时给人类以新的刺激。材料科学、纳米技术、基因工程、IT 行业日新月异，一旦某种新产品、新材料、新技术、新工艺以及化工工业新色素诞生，凡是能够引起人们视觉兴趣的，都能成为流行色新趋势发展的契机。

（四）文化艺术

文化艺术承载着人类的精神世界，现代网络、电视荧屏、报纸杂志、手机通信等各种媒体宣传手段日益发达，极大地拓展了人类的视野。电影、美术、音乐、时尚等领域作为流行色的载体，其内容也日益丰富，彼此之间相互渗透和感染。东西方文化的交汇，也为流行色的产生与发展带来层出不穷的灵感和思潮，陶瓷色、敦煌色、夏威夷风情色、古铜色等色彩的流行都是文化艺术上的反映。

（五）自然环境

青山绿水、蓝天白云、奇花异草、飞禽走兽等多姿多彩的自然环境启发着人类的想象力，催生出五彩斑斓的流行色。20 世纪 90 年代，全球性的生态恶化、环境污染引起人类的高度重视，促使人们关注环保、呼唤绿色，从而导致了森林色、海洋湖泊色、花卉色、泥土色、沙滩海贝色等广为流行。

流行色带有很强的季节性，国内外一般一年两次预测发布流行色，总体上分为春夏色组和秋冬色组，每季的流行色都体现出季节的特色。由于春夏与秋冬是连续性季节，因此这两大组色彩相互之间具有一定的相似性。

流行色的季节性变化特征鲜明有序，当季的流行色是以上一季受欢迎的流行色为基础，再加上富有新鲜感和魅力的季节色彩。一般而言，春夏色组色调偏暖，以鲜亮色为主，其中红色占据主导地位，包括橙色、橘黄色、深红色等，都含有一些红色。除了暖色，色组中也加入一定比例的偏冷色调和无彩色或中性色。秋冬色组与春夏色组正好相反，多偏冷色调，以深色为主，其中蓝色占据主导地位，以及带有其他色相的蓝绿色、紫罗兰和红紫色等。为了整体协调，色彩组包含了一定比例的温暖色调，以及少量的无彩色或中性色。四季的色调各有特色，春夏季的流行色比较明快，具有生气，相对华丽、明艳；而秋冬季则比较深沉、含蓄，相对淡雅、柔和。

（六）人的生理、心理需求

对于流行色的研究必须要考虑人们的生理、心理需求。色彩感觉是一种对视觉器官的刺激，人们长久反复受到一种色彩的视觉刺激难免会麻木生厌，会产生审美疲劳，最初的新鲜感和刺激感随着时间的流逝而减弱，此时自然会产生对新鲜色彩的需求，渴望新的视觉刺激。

当今社会节奏越来越快，消费者对产品审美价值的需求越来越高，所以流行色的更新换代周期也越来越短。

（七）各艺术领域间的交汇和借鉴

流行色的产生并不只局限于时装界，其流行也受其他艺术的影响。一些流行色的兴起，会在各个设计艺术的领域内横向传播开来，包括服装、纺织品、装饰品、家居用品、书籍装帧、招贴广告、包装商品、展示陈列产品设计、多媒体艺术、企业形象等视觉形式，这些领域都会下意识地运用到最新的流行色，从而使得流行色更为广泛地传播。这种横向传播形式在发达国家尤为强烈。

三、流行色提案的内容

（一）主题标题

为了方便使用者明白流行色提案的内容，流行色提案通常会以命题的方式来归纳和整合流行色的趋势，形成言简意赅的标题。作为描述主题整体氛围的标题在大多数情况下都是以一个词语或短句来表述的，这个词语或短句包含了主题的所有描述意图，令使用者一目了然。对标题的解读，可以在一开始就让使用者在脑海中形成一定的思维联想，以便轻松快速地理解主题内容。

（二）主题词描述

主题词描述是对流行色的灵感源进行文字解说，对文字的要求是简练易读。通过对这些文字的研究，大多数人都能够理解流行色的基本背景资料，专业的设计师还能从中产生联想，寻找到适合自己品牌的新一季产品设计的灵感。

（三）图片形象解说

众所周知，服装设计是一项利用形象来传达创意的工作，设计师通过形象来获得设计灵感，通过形象来体现自己的设计创意，因此图片形象无处不在。图片形象解说是流行色提案中的一个重要内容。一般来讲，大多数的流行色提案并不是用一张图片来完成解说工作的，制作提案的工作人员会对许多原始图片进行整理和分解，并利用拼贴重组的手法，将多张图片制作成一张能够说明主题内容的图片。因此，这个图片中的各种形象和色彩元素都是经过高度提炼、值得设计师密切关注的，也许其中某个或多个元素便是在今后进行具体款式开发时会用到的内容。

（四）色组陈列

色组陈列是流行色提案中最为关键的部分。通常来讲，流行色提案会针对每个新季，以3~4个主题的形式发布流行色趋势，每个主题会有多个色彩形成一个色组。有时这个色组是从彩色图片中直接提炼出来的，有时则根据主题的抽象印象及联想来确定色彩。提案中的色组不仅能为使用者提供单个色彩的指导，其排列的方式和形成的总体效果，也能展示出新季色彩的组合和搭配方式。有时，后者对于设计师来说更具有参考价值。

四、流行色的发布种类

在日常生活中，结合社会、经济、消费等综合分析和研究，有关机构会从林林总总的色彩中提取流行色。每次发布的流行色大致可分成以下几个大类。

（一）标准色组

即基本色，为大多数人日常生活中喜爱的常用色彩，每年发布的流行色均有包含，如无彩色的黑、白、灰、红、蓝等色系。

（二）前卫色组

指带有实验性、在不远的将来成为流行倾向的色彩。它们首先为追赶时髦的消费者所热衷并由这群人率先尝试，进而流行开来。

（三）主题色组

主题色组的产生与时尚的流行趋势有关，这些色彩配合服装的风格，因此需要重点推广，如20世纪90年代初的休闲风潮，与之相对应的流行色是泥土色、茶褐色、米黄色、森林色等。

（四）预测色组

这一色组并非现在正流行着，而是依据社会经济、人们心理、消费者流行趋势发展等因素做出的未来色彩预测。

（五）时髦色组

此色组是为大众所喜欢，同时也正在市场上流行的色彩，如21世纪初古朴的薄荷绿、果绿色几乎出现在各大品牌的设计中。时髦色组包括即将流行的始发色彩、正在流行的高潮色彩，以及即将退潮的过时色彩。

五、流行色的应用

（一）流行色应用的切入点

作为一名专业的服装设计师，对流行色的灵活运用可以从以下几点着手。

（1）研究流行色提案，分析哪些色彩在具体使用过程中可能会流行，哪些色彩可能会被市场和消费者排斥。

（2）从流行色提案中找出适合表现服装品牌风格的色彩组合。

（3）回顾上一季同时间的畅销色彩，将之与新季的流行色进行对比，找出其中的联系，制定能承上启下的产品色彩。

（4）在流行色色组的基础上，增加和修改部分色彩，使产品能够有新颖的配色效果，凸显品牌的整体风格气氛。

（5）以流行色卡为标准，对部分不适合品牌形象的色彩进行修改。修改的方法为：将这些色彩作明度及纯度上的调整，以适应品牌色彩的总体形象。

（二）流行色卡应用的特性

流行色卡的应用是个敏感而实际的问题。说它敏感，是因为流行色卡的应用对产品生产厂家来说是商业机密，应用得好，意味着产品的销售好，能带来丰厚的经济效益。所以，许多生产厂家在产品上市前，对产品色彩的运用属于高度机密，绝不允许任何人以任何形式泄漏。说它实际，则是因为色卡不是产品，它只有转化为产品才能指导市场的季节性，才能给生产者带来经济效益。因此，色卡如何转化为产品，是一个非常实际的问题。掌握了色卡向产品的转换方法，也就掌握了流行色流行的关键。

（三）色彩组织的基本原则

（1）确立主色调，选择辅助色，用好点缀色，创造新风格。
（2）在色相不变，明度、纯度变化的情况下，产生丰富的系列色彩。
（3）时尚的服装一般以流行色为主色，适当运用点缀色。
（4）传统服装应以常用色、无彩色为主，局部用流行色点缀。

（四）流行色的应用方法

1. 分析色卡
首先区分出时髦色组、点缀色组和常用色组。然后，仔细研究时髦色组，理解其所蕴涵的情调与气氛，把握其核心诉求。最后，将本季的时髦色组与上一季的时髦色组进行比较，找出其在冷暖明度、纯度等几个方面的变化倾向，并找出其中最具新鲜感的始发色——本季流行色的灵魂，再在色相环上找出这些色彩的临近色——本季流行色的主角。

2. 有选择地运用流行色
要重视并应用流行色，但并不是对流行色全盘照收，而是根据所设计服装的具体定位有选择地运用。比如设计中老年装时就以常用色为主，时髦色为辅；相反，如果设计青少年服装则以时髦色为主，常用色为辅。不同销售定位的商品也需要选用不同的流行色组，例如，概念性主题商品选用即将流行的始发色；畅销商品选用正在流行的高潮色；畅销商品主要选用常用色组的颜色，只在局部或配饰上加入少量时髦色作为点缀。小的饰品或配件因为面积小、流通快，可以用时髦色组的新鲜色，而用料较多的服装则慎用时髦色。另外，因为地域和接受程度的不同，本季国际上发布的始发色未必马上适用于当地的情况，有可能会有一段时间的延迟，或许使用时髦色组中的高潮色反而适合，这就需要设计师结合流行色仔细研究当地的市场情况和消费者的反映，总结出一些具有本地特色的流行色。

3. 重视常用色

我们强调流行色的重要性，但也决不能忽视常用色，所谓常用色就是在一定区域内广泛而持久地被应用的服装色彩。常用色在不同地域因民族、宗教、历史、经济、民俗、肤色、气候等多方面因素的不同而有很大差异。服装色彩中，常用色和基本色占约 70%，而流行色只占到约 30%，当然，常用色也会受到流行色的影响，在冷暖、明度、纯度方面有或多或少的倾向性改变。

（五）流行色与品牌服装色彩设计

一般而言，常用色、品牌色在品牌服装色彩中所占比重较大，流行色所占比重较小，但针对不同种类与风格的服装，要进行合理的色彩结构调整，才能使流行色与常用色、品牌色的搭配取得最佳效果。

1. 流行色主导型配色

流行色主导型配色是指在服装产品开发设计中，流行色居支配地位，品牌色与常用色次之，这种色彩配置方式往往可以使品牌充满时尚活力，在短时间内能够收到较好的市场收益。流行色彩主导型的配色，主要是定色变调的过程，要充分结合产品品牌的具体形象，才能将时尚更好地带入整体的服装色彩设计中。通常情况下，组配服装色彩的关键在于把握主色调，面积较大的主色调可选用始发色或高潮色。品牌色可以作为流行色的互补，少量地加以运用。同时，为使整体配色效果富于层次感，还应适当选择无彩色或含灰色等常用色作为调和与辅助色彩。

2. 品牌色主导型配色

这一类型是指品牌色彩占据主要地位，被采用的比例较大，其次是常用色，而流行色使用较少。虽然流行色的少量使用不会对品牌服装色调的变化产生较大的影响，但它能对品牌色起到补充作用，使服装品牌色更醒目、清晰，产生新意。一些知名品牌习惯以自己的品牌色为主要色调，在细节部分融入流行色彩，这样既可以体现出自身品牌的色彩形象，又能够引领时尚潮流，很好地保持其所形成的品牌风格。用于搭配的流行色可以选用始发色、高潮色或点缀色，可根据品牌色及流行色彩的具体情况灵活应用。有时品牌色在某个季节可能会成为流行色，如果当季流行色正是该品牌的品牌色，那么当季该品牌将会更加深入人心。

3. 常用色主导型配色

常用色主导型配色是指常用色占最大比例，品牌色居第二位，流行色比例最小的色彩构成方式。由于常用色的接受程度和良好的搭配作用，可以保证其品牌的销售量，同时能与品牌色、流行色形成较为和谐的搭配效果。品牌色居第二位能有效地彰显品牌的文化理念。适量流行色的加入，可以使品牌色彩具有多元的变化，扩大品牌的识别范围。这种类型是较为合理的组成方式，既能保证产品的色彩形象，又能有效保证市场的销售。

4. 均衡型配色

均衡型的色彩结构是指在产品色彩的配置中，流行色、品牌色、常用色所占的比例基本相当的配色形式。运用一定比例的品牌色，能够在一定范围内起到品牌色彩形象塑造的作用；由于常用色具有较大的包容性，容易被大多数消费者所接受，能够使产品市场变得更加稳定；配合时下具有代表性的流行色，能够展示出时尚品牌具有变化的一面，充分满足消费者求变的心理需求。

第二节　色彩流行的形式与特征

一、色彩的平行移动

色彩的平行移动是指服装色彩在信息及媒体的传播引导下，在一定时期内，被大众所接受。平行移动的流行最大众化，也最容易失去流行效应。

二、色彩流行的特征

（一）时间性

这一特征主要涉及两个方面：一是代表时代性。社会时代的不同，人们在心理上对色彩也有着不同的要求。当一些色彩结合某些特定时代的特征，符合大众的认识、兴趣以及欲望，就会刺激流行色的流行。例如，随着科技和工业的发展，生态环境遭到了破坏，水源污染不断加剧，人们也开始意识到回归自然和保护环境的重要性，因此，低碳色、森林色等成为大众所热衷的色彩。另一个是代表季节性，每年发布的流行趋势预测分为春夏季和秋冬季，这是从色彩的衍生给人带来的心理感受等因素考虑的。夏季气候炎热，人们渴望凉爽，因此服装色彩搭配设计会考虑浅色和冷色作为主色调；冬季气候寒冷，会考虑以深色和暖色为主色调。

（二）周期性

色彩流行的变化是一个动态的过程。流行色从产生到发展，一般经过始发期、上升期、流行高潮期和逐渐消退期四个阶段。这四个阶段演变的总体时间为 5~7 年，其中流行高潮期内的黄金销售期，一般持续 1~2 年。周期变化的时间长短则因各国、各地区经济发展水平的不同、社会购买力和对色彩的审美要求不同而各有所异。流行色以服装纺织品行业反应最为敏感，流行周期快。随着世界经济一体化、时尚全球化及信息传播技术的高速发展，目前国际时装界一种时装流行色的变化趋势所持续的流行周期仅有五个月左右。

（三）空间性

空间性亦称区域性，与生活环境有很大的关系，每个国家和民族由于信仰、文化、居住环境等不同，所喜欢和禁忌的颜色也有所不同。如中国人比较喜欢喜庆和富贵的颜色，红色和黄色在流行色谱中经常能见到。

（四）延续性

色彩流行的延续性表现在两个方面。一方面，我们在新的流行色谱中，一般能看到上一季流行色的痕迹，它们往往以新推出色彩的搭配色出现。另一方面，在每一次流行中，某种色彩在成为最受欢迎的色彩之前往往被用在点缀色的位置上，给人一种新的色彩启示，随着被大多数人接受并大量采用而成为流行色。当流行高潮期过后，这种颜色迅速退居为配色，作为副色加入下一季的流行趋势。

（五）渐变性

新的流行色相与原有的流行色相在色相环上会产生一定的距离，它们总是在各自相反的方向围绕色相环中间的点转动，形成一种顺向或逆向的跳变过程。在色相变化过程中会出现暖色流行期和冷色流行期，两期之间的转换阶段常会出现各种色相的激发期，表现为中间色的色相特征，这种转换是一种渐变的过程。而流行色的明度、纯度之间的高低转换过程按"低明度—中明度—高明度""低纯度—中纯度—高纯度"这样的方向循环反复地发展，呈渐变的规律。

（六）循环性

循环性是指色彩在流行的过程中呈现的循环往复的周期性特点。例如，色彩的流行从暖色调至中性色调至冷色调，然后再从冷色调至中性色调至暖色调，色彩在不断地循环中被人们所接受。色彩流行的长短同当时的社会因素和人的心理因素有直接的关系，在政治环境稳定，经济、科技、文化、信息繁荣时期，色彩流行周期就短。相反，比较闭塞的地域，色彩流行周期就比较长。

第三节　色彩流行周期与变化

一、色彩流行周期

人们在自然界中捕捉到的色彩是有限的，而如果反复接受同样的色彩，人们就会感到单调和乏味，于是人们就希望不断寻求新的色彩刺激，这导致原有色彩开始逐步衰退，而新的色彩慢慢登场。其间原有色彩和新的色彩可能交替出现，共同存在。流行色的传播由时尚发达地区传向落后的地区，由大都市传向小城市和乡村。在流行色的流行周期内，高峰期为1~2年，这是各类产品的黄金销售季节。

研究表明，流行色的活动周期通常由高彩度的鲜亮色彩开始流行，继而延伸至色感丰富的中彩度色，再过渡至较为柔和的低彩度色，接着是土色系，直至无彩色系，再由无彩色转至紫色，最终回到高彩度色彩，完成循环。色彩的周期循环不是简单地重复过去，而是具有承上启下的效果，新的色彩特点正是通过循环产生的。

在某个色彩流行时，总有几个色彩步入衰退期，相互交替，周而复始地运转。日本流行色研究协会研究得出，蓝色与红色常常同时相伴出现。[①] 蓝色的补色是橙色，红色的补色是绿色，所以当蓝色和红色广泛流行时，橙色和绿色就退出了流行舞台。由此可见，蓝色和红色，橙色和绿色合起来恰好是一个流行周期。一个流行周期中，蓝色和红色流行3年，橙色和绿色流行3年，中间过渡1年，总计是7年。

---

① 陈彬．服装色彩设计［M］．沈阳：辽宁美术出版社，2019：141.

二、流行色的变化

经过各国专家的长期分析、研究，流行色的变化规律可总结如下。

（1）流行色在色相环上有着周而复始的动态变化，而这种转换不是简单地重复出现、一成不变的，一般是渐变的、顺向的冷暖交替，有时也可能是跳跃的、逆转的，产生多种色相的多彩活跃期，且中间色调为主要色彩特征。

（2）除了色相以外，还有明度、纯度上的变化。如同样流行红色，若干年后再出现时可能是锈红色、砖红色、酒红色、酱紫红色等，某种颜色再度成为流行色，必然会在明度、纯度方面都有所变化，这样才能始终给人以似曾相识又耳目一新的感觉。

（3）流行色的产生往往伴随着社会风貌的变迁，如自然景物、历史遗迹、考古文物。如宇宙太空色、海洋湖泊色、大地裸色、丝绸之路色、亚马孙绿、耳语绿、宝石蓝、冰蓝、古铜、青花瓷蓝等颜色，都被冠以富有诗意、形象生动的美名，以利传播、推广，给人留下深刻的印象，从而吸引更多的消费者。

第四节　流行色的研究机构与色彩预测

一、流行色的研究机构

（一）国际流行色委员会

1963 年，英国、奥地利、匈牙利、荷兰、西班牙、联邦德国、比利时、保加利亚、日本等国联合成立了国际流行色委员会（International Commission for Color in Fashion and Textiles），中国于 1982 年加入。其总部设在法国巴黎，是非营利性机构，是国际色彩趋势方面的领导机构，是目前影响世界服装与纺织面料流行色彩的最权威机构。国际流行色委员会各会员国专家每年 2 月和 7 月召开两次色彩研究会议，每位成员国首先展示其主题展板，分别对展板里的气氛图、色块和下一季色彩预测的缘由进行说明，通过对所选色彩的灵感来源、选择理由等的讲解，说明其色彩主题概念和形成缘由。该委员会根据各会员国的提案和多数代表们的意见，在色彩趋势的总体形象、文字、气氛和色块上达成共识，做出未来 18 个月的春夏或秋冬流行色定案，制定并推出春夏季与秋冬季男、女装四组国际流行色卡，并提出流行色主题的色彩灵感与情调，为服装与面料流行的色彩设计提供新的方向。

（二）《国际色彩权威》杂志

《国际色彩权威》杂志的专家们也是每年召开两次会议，预测、发布 21 个月后的春夏季或秋冬季国际流行色。色卡分男装、女装、便装、室内装饰四组色彩。由于其提供信息的一贯准确性和实用性以及组配重点色调做应用示范等良好的服务措施，因而深受世界各地用户普遍欢迎和认同。

（三）英特斯道夫国际衣料博览会

英特斯道夫国际衣料博览会每年在德国法兰克福市举行两次。其所发布的流行色卡有一定特色，与国际流行色委员会同步配套、基本相似，但更注重实用性，与纺织面料、时装结合更紧密。

其他如国际棉业协会、国际羊毛局、国际纤维协会等机构，都有针对行业专门织物产品及时装的国际流行色发布。

（四）中国流行色协会

中国丝绸流行色协会成立于 1981 年，成员大都是丝绸行业内部及有关单位人士，总部设在上海。全国纺织品流行色调研中心成立于 1982 年，总部也设在上海。上述两组织于 1989 年正式合并为中国流行色协会，总部迁至北京。该协会每年也召开两次年会并预测发布流行色卡，与国际接轨，并有专业杂志月刊《流行色》公开出版。

世界上许多国家都成立了权威性的研究机构来开展流行色的研究工作。此外，一些专门从事纤维材料研究的国际机构，如国际羊毛事务局、国际棉业协会、国际纤维协会、法国流行时装工业组织等也参与流行色的分析和发布。

二、流行色的色彩预测

（一）流行色的预测主题

流行色的预测涉及人们生活的方方面面，每一季的流行色都是依据一定的主题提出的，它具有一种感情，能反映出当时的社会状况，并指向未来。近几年流行色的主题主要有以下几方面的内容。

1. 时代主题

当一些色彩结合某些时代的特有特征，并符合大众的认识、理想、兴趣和欲望时，这些具有特殊感情力量的颜色就会流行开来。

2. 自然环境主题

随着季节、自然环境的变化对人的影响，不同的季节中人们喜爱的颜色也随着环境的变化而改变。国际流行色协会每年发布的流行色就分为春夏季和秋冬季两大部分。春夏季的色彩明快活泼，具有生气；而秋冬季的色彩则深沉含蓄，安静典雅。由于近年来环境污染的不断加剧，海洋色、水果色及森林环保色等源于自然界的色彩组合越来越为大众所关注。

3. 逆向思维主题

对于流行色的研究必须要考虑人们的审美心理。例如，人们反复受到一种颜色的视觉刺激后会逐渐产生厌倦情绪，这就是喜"新"厌"旧"心理。所以在下一季的流行色中，可以突出展示与当季色彩相对或属性相反的色彩，以此吸引人们的注意，引起人们新的兴趣。

4. 民族主题

各个国家和民族由于地域环境、文化信仰、生活习惯、传统风俗的不同，喜好的色彩也不尽相同，会具有本国和本民族的特色。因此，我们可以在各个国家和民族的民间艺术、服饰、器物、建筑中搜寻流行色的主题，让不为人知的民族色彩成为世界流行的主色彩。

5. 消费主题

消费主题即从上一年的消费市场中找出主色，构成下一年的流行色谱，例如根据市面上正在销售的服饰、家具、汽车等消费品来搜寻流行色彩。因为色彩的流行常常带有惯性，所以相关消费品的流行色可为预测未来消费主题提供参考。

（二）流行色预测的调研要点

服装流行色预测以调研为基础。调研是预测工作的重要组成部分，准确的预测结果必须依靠大量详细而周密的调研，因此做好调研工作非常重要。影响服装流行色形成的因素很多，需要调研的面很宽也很广，可以说包括人们生活的各个方面，但也不可盲目，关键是要找出调研的要点，抓住要点，以点带面。每年发布的服装流行色预测方案由主题、画面和色卡三部分构成，主题用文字描述，画面和色卡以图片形式呈现。主题是对大众社会心理的概括和总结，受社会文化影响，主要根据社会文化形态进行分析；主题下的画面和色卡的色彩是有希望发展成为流行色的色彩，是服装色彩自发孕育出来的，需要在社会色彩形态中去探寻、提炼和挖掘。因此，服装流行色预测调研要点主要有两个方面：一是社会文化形态，二是社会色彩形态。社会文化形态直接影响社会大众的色彩需求心理意向，影响着流行色主题的构成，是构建流行色主题的依据。社会色彩形态隐含着服装流行色趋势，这些趋势能够成长为目标期的流行色，是构建流行色形式的基础。

（三）色彩预测的程序

1. 调研

（1）调查当地大的服装商场本季销售情况较好的服装色彩。

（2）调查著名的服装品牌本季推出的产品色彩特点。

（3）参阅欧美、日本或中国香港等地的服装杂志，了解本地之外的服装色彩倾向。

（4）以现场发放或网上发布问卷、访问或座谈等形式直接了解不同群体消费者的色彩喜好和购买意向。

（5）回顾国内外发生的影响较大的社会、政治、文化等事件。

2. 借鉴

借鉴国际和国内权威的流行色机构发布的最新流行趋势。

3. 分析

将自己的调查结果与权威流行色机构发布的情况进行比较，排除一些不适用于本地的、因文化因素或因特殊、偶然事件影响而形成的流行色，排除常用色组，在时髦色组中找到共同或类似色彩。

4. 择定

根据分析结果，自己归纳并择定本地下季的流行色，并按时髦色、点缀色和常用色分组。

5. 制作色彩贴板

（1）确定一个适合自己择定的流行色的主题。

（2）找到一些符合该主题的氛围并能准确反映流行色特点的事物，用照片、绘制、剪贴等形式把它们罗列出来。

（四）流行色的预测方式

目前，国际上对服装流行色的预测方式大致分为两类：一是以西欧为代表的，建立在色彩经验基础上的直觉预测；二是以日本为代表的，建立在市场调研量化分析基础之上的市场统计趋势预测。流行色预测专家必须具有丰富的经验和阅历，对客观市场趋势具有敏锐的洞察力和较强的判断力；精通色彩理论，有较高的配色水平和艺术修养；能深入生活，摸透消费者的心理，掌握大量的情报资料。

1. 直觉预测

直觉预测是建立在消费者欲求和个人喜好的基础之上，凭专家个人的直觉，对过去和现在发生的事件进行综合分析、判断，将理性与感性的情感体验和日常对美的意识加以结合，最终预测出流行色彩。这种预测方法要求预测者对客观市场趋势有极强的洞察力，有丰富的预测经验，还要有较强的判断力；同时，预测人员应该在色彩方面训练有素，有较高的配色水平和艺术修养，并掌握较多的信息资料。即使如此，直觉预测也不是仅靠个人力量就能完成的，还需要大量具有上述条件的人来完成。欧洲部分国家的专家，特别是法国和德国的专家，一直是国际流行色和直觉预测的引领者。他们对欧洲市场和色彩艺术有着丰富的经验，以个人才华、经验与创造力设计出代表国际潮流的色彩构图，他们的直觉和灵感很容易得到其他代表的赞同。

2. 市场调查预测

市场调查预测是一种广泛调查市场、分析消费层次，然后进行科学统计的测算方法。日本和美国是这种预测方式的代表国家。日本人在注重市场数据分析、调查、统计的同时，还积极研究消费者的心理变化、喜好和潜在的需求，利用计算机处理量化统计数据，并依据色彩规律和消费者的动向来预测下一季的色彩；美国人则更加关注流行色预测的商业性，他们主要搜集欧洲地区的服装流行色信息和美国国内的服装市场消费情报，利用流行传播理论的下传模式，通过不同层次消费者对时尚信息获取的时间差进行调查预测。同时，他们还以电话跟踪的方式调查、了解消费者的态度，将消费者的反馈作为预测依据。

我国也十分重视流行色的预测。如 1982 年成立的中国流行色协会，一直积极借鉴国外同行的工作经验进行我国流行色的预测与研究：一方面采用了欧洲专家们的直觉预测方法，观察国内外流行色的发展状况；另一方面，对我国市场展开调查，取得大量的市场资料并进行分析和筛选，在分析过程中还考虑了我国的社会、文化、经济因素。这些研究为我国流行色的发展奠定了良好的基础。

（五）国际流行色预测的过程

国际流行色协会分别在每年 6 月和 12 月召开协会会议，让成员国的专家们选定未来 24 个月的流行色概念色组。

会议首先是归纳与综合各成员国对未来一定时期内流行色的主导概念色谱，各成员国专家们到会时要向大会展示本国流行色协会专家组对未来流行色发展趋势的预测提案。这个预测提案包括三项内容：概念版、流行色文案和流行色色样。

流行色概念版的内容包括三个方面：一是本届流行色的主题，用以理解各备选色彩的概念；二是本次流行色的灵感来源，指明选取该流行色的原因和灵感来源；三是本次流行色的家族组成及其色谱，用以表明具体的色谱形态。

流行色文案内容包括两个方面：一是本届流行色形成的背景，即所在国的政治、经济、文化背景，时尚发展的基本形态以及市场变化等原因对人们色彩审美的影响；二是流行色色谱的构成形式以及基本配色的概念、方法和理论。

流行色色样是每个成员国提供的概念版上所有色谱的实材色样，这些色样是成员国专家们认为未来将成为时尚的流行色色谱。

随后，国际流行色协会根据这些国家的预测提案和代表的介绍，确定本届流行色选定的色谱方法与方案蓝本，经过全体讨论后，各国代表再加以补充、调整。

最后，国际流行色协会对这些选出的色彩进行分组、排列，经过反复研究与磋商，由常务理事会中特别有经验的专家整合各国方案，排出大家公认的定案色谱系统，产生新的国际流行色。为保证流行色发布的准确性，这些新产生的国际流行色会被制成标准色卡并在相关期刊、杂志上公开发表。

（六）流行色预测的发展趋势

1. 流行色预测的信息化

流行色预测的信息化是指预测机构充分利用各种信息技术，开发利用信息资源，建立流行色预测信息库，开发预测分析软件，促进信息交流和知识共享，不断提高预测的准确性和及时性，为客户提供更为及时精确的生产技术指导和营销方案。目前，中国流行色协会的其中一项工作，就是建立中国流行色调研检测和调研体系，委托专业调查公司来进行调研。同时，联合高校与调研部门专家共同研究，完成中国色彩从定性分析到定量分析的工作，并通过此研究来为国内企业进行更加具体的指导。

2. 流行色预测的细致化

如同经营模式从粗放式经营到细致化营销的转变一样，色彩预测研究正朝细致化方向发展，以满足市场细分变化的要求。据资料显示，美国流行色协会已发展有八个流行趋势研究组，每组有 10~12 名专家和设计师，提前 18~21 个月进行男装、女装、童装和室内相关色彩趋势研究。自 21 世纪以来，中国流行色协会预测的内容也愈加细致，预测方法从简单的定性感官预测到复杂系统的智能预测，预测范围从单一的纱线、面料、服装扩展到轻工业、汽车行业、美容化妆以及室内设计等领域，真正做到使色彩成为引领时尚的风向标。

第五节 有色系与无色系的流行色彩搭配应用

一、有色系的流行色彩搭配应用

（一）珊瑚粉

珊瑚粉大多指的是一种带有奶油色调的淡粉色，是近年来春夏最新流行起来的一种颜色，给人带来一种全新的色彩感觉，是一种非常容易博取女性喜爱和好感的色调。珊瑚粉色让人感觉温柔明亮，但是比较适合皮肤偏白的女性，因为珊瑚粉色中含有比较多的白色成分，能够完美地衬托出年轻女性皮肤的白嫩光泽。

（二）粉黄色

粉黄色有着太阳一般的热情和能量，象征着温暖、华丽、热烈、跳跃、任性、活泼，综合了可爱和成熟的特点，很好地将优雅和自然融为一体，是春夏季节中备受瞩目的流行色之一。低彩度的黄色则为春季最理想的色彩，中明度的黄色适合夏季使用。在色彩搭配方面，粉黄色与紫色、蓝色、白色、咖啡色的搭配都是非常适宜的。

（三）充沛橙

充沛橙看起来就像是在橙色里加了一些粉色，这可以使橙色变得更活泼。它是生气勃勃、充满活力的颜色，是春意盎然的季节里特有的色彩，可以营造欢快的气氛。在色彩搭配上与奶茶色、可可色或者焦糖色搭配是让人感觉舒畅，追求时尚的年轻人可以大胆尝试不同的色彩组合方式，能够带来意想不到的惊喜。

（四）勃艮第酒红

勃艮第酒红是红色的一种，因为与法国勃艮第所出产的勃艮第红酒颜色相似而得名，在流行色中也是备受青睐。如果脸色苍白的人选择穿着红色的衣服，可以让脸色看起来好一些。红色最宜搭配的颜色就是浅色，尤其是白色，与白色搭配可以让红色看上去更加醒目。另外，深色中的黑色也是非常适合与红色搭配的颜色，因为它们都是对比比较强烈的色彩。另外，灰色调也是与红色搭配很适宜的颜色。由此看来，红色与无彩色系的搭配为佳。

（五）绿松石蓝

绿松石的颜色斑驳，有暗色斑点和纹理。绿松石蓝给人的感觉是神秘中带着甜美，可以为整体的色彩搭配增添更多的异域特色和吸引力。多数时候，设计师会将其与一些大地色系的服装或者配饰进行搭配，更能体现民族风情。

（六）麝香蓝

麝香蓝是综合了蓝色和紫色的颜色，是整个蓝色色系中最受欢迎的色彩之一，它的出现会把整个春夏的颜色都提亮很多。在所有颜色中，蓝色最容易与其他颜色搭配。蓝色本身具有紧缩的效果，用于服装配色，可以修饰身材。麝香蓝与紫蓝色的搭配较为相宜，如果再加入细碎的花卉图案，则可以体现完美的色彩效果。

二、无色系的流行色彩搭配应用

黑白灰作为无彩色系出现在色彩搭配中，是流行色的中流砥柱。无论流行色如何变换，无彩色系始终存在。

（一）黑色服装

黑色象征成熟与内敛，给人一种庄重、神秘的感觉。黑色服装给人带来威严的气势，能够塑造高贵神秘的气质。如黑色晚礼服、黑色皮革套装等，都体现了人的优雅体态和风度。

总之，黑色服装以它低调优雅的气质，展现了着装者的风采。

（二）白色服装

白色寓意干净、神圣、明快、清洁与和平，最能体现一个人高贵的气质，特别是在夏季，穿着一身白色的服装，将比穿着深色服装更凉爽。很多人认为白色寓意纯粹、纯洁、幸福，所以用白色作为女士婚礼服的颜色。中老年人穿上一身白色的服装，能让人感到干净利落、青春常驻。白色的裘皮毛领大衣，给人温暖舒适、高端大气的感觉，显得雍容华贵，尤其体现了女性优雅的气质。

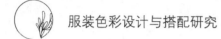

（三）灰色服装

灰色服装是服装色彩的重要组成部分，给人一种稳重的、中性的、平衡的感觉。灰色具有黑色与白色二者的优点，更具高雅、稳重的特点。灰色服装给人沉稳低调的感觉，引领着时尚潮流。灰色的西服、套裙，常常在各种社交场合被运用，给人一种温文尔雅的风范气度。浅灰色是理想的女职员套裙用色；中年人穿着中灰色服装，尤其是中山装，显得庄重大方；老年人穿着深灰色服装，尤其是带中式盘扣的服装，显得深沉、稳重，给人留下和蔼可亲的印象。

参考文献

[1] 常丽霞，高卫东. 谈流行色预测的研究与发展 [J]. 山东纺织科技，2009 (5)：49.

[2] 陈彬. 服装色彩设计 [M]. 沈阳：辽宁美术出版社，2019.

[3] 陈彬. 服装色彩设计 从基础搭配到设计运用 [M]. 上海：东华大学出版社，2016.

[4] 陈华小. 服装设计中的色彩搭配与运用 [J]. 纺织报告，2021 (2)：77.

[5] 陈尤. 色彩在服装搭配中的应用 [J]. 文教资料，2010 (10)：108.

[6] 程悦杰. 服装色彩创意设计 [M]. 上海：东华大学出版社，2015.

[7] 冯佳楠，陈勇田，侯镇东. 服装设计中的色彩搭配技巧探讨 [J]. 商业故事，2016 (34)：59.

[8] 盖莹. 基于视觉传达的服装色彩设计研究 [J]. 棉纺织技术，2021 (10)：91.

[9] 甘应进，王强，孟爽. 浅析服装色彩及其影响因素 [J]. 天津纺织科技，2005 (1)：44.

[10] 高雅. 浅谈流行色在服装色彩搭配中的应用 [J]. 美术界，2015 (7)：75.

[11] 郭斐，吕博. 艺术设计与服装色彩 [M]. 北京：光明日报出版社，2017.

[12] 郝蓉. 服装设计色彩搭配技巧分析 [J]. 艺术品鉴，2015 (5)：23.

[13] 贺云. 服装设计 [M]. 重庆：重庆大学出版社，2015.

[14] 胡美香. 浅析服装设计中对服装色彩的设计 [J]. 辽宁丝绸，2014 (4)：32.

[15] 胡贞华. 服装设计中的色彩搭配技巧探究 [J]. 流行色，2021 (6)：101.

[16] 花俊苹，李莹，柳瑞波. 服装色彩设计 [M]. 北京：中国青年出版社，2013.

[17] 黄淑娴. 浅析服装设计中对服装色彩的设计 [J]. 纺织报告，2015 (11)：67.

[18] 黄伟. 服装流行色预测模型研究 [J]. 国际纺织导报，2021，49 (3)：37.

[19] 黄元庆，黄蔚. 服装色彩设计 [M]. 上海：学林出版社，2012.

[20] 江莉宁，徐乐中. 服装色彩设计 [M]. 北京：中国青年出版社，2011.

[21] 荆娅. 色彩在服装设计中的搭配技巧及应用 [J]. 化纤与纺织技术，2021 (10)：120.

［22］赖慧娟. 浅析服装色彩设计的方法及规律［J］. 流行色，2019（6）：80.

［23］李海英. 色彩在服装设计中的应用研究［J］. 美术教育研究，2019（14）：48.

［24］李洁，张继荣，欧阳心力. 服装设计［M］. 长沙：湖南大学出版社，2012.

［25］李倩文. 服装色彩搭配在服装设计领域中的运用［J］. 西部皮革，2015（18）：49.

［26］李伟良. 浅谈色彩设计在服装中的应用［J］. 湘潮（下半月），2011（6）：38.

［27］李亚玲. 浅谈服饰色彩搭配技巧［J］. 科学咨询（科技·管理），2017（8）：103.

［28］刘冰莹. 色彩搭配对于服装设计影响研究［J］. 明日风尚，2018（4）：17.

［29］刘红，李亦然. 服装色彩设计［M］. 北京：北京理工大学出版社，2019.

［30］刘琳. 服装设计中的色彩搭配技巧探讨［J］. 艺术品鉴，2016（1）：38.

［31］刘绍芸，荆馨莹. 色彩在服装设计中的应用［J］. 戏剧之家，2016（4）：180.

［32］刘昕. 色彩在服装设计中的搭配技巧及应用［J］. 西部皮革，2020（11）：63.

［33］刘艳. 视觉传达在服饰色彩设计中的体现［J］. 棉纺织技术，2021（10）：95.

［34］梅筱. 谈现代服装色彩设计灵感来源的途径［J］. 内蒙古教育（职教版），2012（12）：38.

［35］孟君，刘丽丽，胡兰. 服装色彩设计［M］. 北京：北京工艺美术出版社，2013.

［36］彭庆慧. 浅析系列服装的色彩设计［J］. 美术教育研究，2012（18）：76.

［37］任洁. 色彩在服装设计中的搭配技巧及应用［J］. 纺织报告，2020（8）：89.

［38］任晓波. 色彩搭配技巧在服装设计中的应用［J］. 山西青年，2016（7）：33.

［39］孙微微. 色彩在服装搭配中的运用技巧［J］. 黑龙江科技信息，2012（2）：210.

［40］孙永梅. 浅谈服装设计中的色彩搭配艺术［J］. 山东纺织经济，2008（2）：85.

［41］谭莹，张丽英，张敏. 服装色彩设计［M］. 武汉：中国地质大学出版社，2007.

［42］唐韵. 服装设计领域中色彩搭配技巧探析［J］. 流行色，2015（4）：160.

［43］王鸣. 服装图案设计［M］. 沈阳：辽宁科学技术出版社，2005.

［44］王雪松，李建中，刘娟. 浅谈流行色在服装设计中的应用［J］. 艺术教育，2010（3）：131.

［45］吴启华. 服装设计［M］. 上海：东华大学出版社，2013.

［46］吴小兵. 服装色彩设计与表现［M］. 上海：东华大学出版社，2018.

［47］武云超. 色彩语言与设计应用［M］. 北京：中国电影出版社，2018.

［48］向璇. 服装设计中的色彩搭配与运用［J］. 大众文艺，2020（4）：69.

［49］肖勇，傅祎. 服装色彩设计［M］. 北京：北京理工大学出版社，2019.

［50］邢清辽，廖小丽. 服装色彩设计［M］. 北京：高等教育出版社，2010.

[51] 徐娜. 论影响服装色彩设计的因素 [J]. 科技风, 2008 (24)：136.

[52] 徐蓉蓉, 吴湘济. 服装色彩设计 [M]. 上海：东华大学出版社, 2015.

[53] 许崇岫, 徐春景, 邹丽红. 服装色彩设计 [M]. 石家庄：河北美术出版社, 2010.

[54] 许奕春. 浅析服装设计中色彩的搭配艺术 [J]. 艺术品鉴, 2017 (1)：29.

[55] 杨永庆, 杨丽娜. 服装设计 [M]. 北京：中国轻工业出版社, 2019.

[56] 杨永庆, 张岸芬. 服装设计 [M]. 北京：中国轻工业出版社, 2010.

[57] 尹佳. 服装色彩搭配在服装设计领域中的运用 [J]. 化纤与纺织技术, 2021 (2)：112.

[58] 于峰. 服装色彩的创意设计 [J]. 印染, 2021 (4)：74.

[59] 张蓓. 服装设计中色彩搭配的技巧探析 [J]. 湖北农机化, 2019 (15)：47.

[60] 张莉. 服装设计 [M]. 北京：人民美术出版社, 2012.

[61] 张旭升. 色彩在服装设计中的应用 [J]. 中国民族博览, 2021 (9)：175.

[62] 赵丹妮. 论色彩搭配在服装设计中的应用 [J]. 艺术科技, 2017 (4)：145.

[63] 赵锋涛. 浅谈服装色彩搭配应用——黑、白、灰永恒的流行色 [J]. 大众文艺, 2016 (21)：98.

[64] 赵萌. 服装色彩创意设计基础 [M]. 上海：东华大学出版社, 2013.

[65] 赵炜璐. 形象设计与服装色彩搭配艺术 [M]. 长春：吉林美术出版社, 2019.

[66] 周文辉, 花俊苹, 吴国辉. 服装色彩设计 [M]. 武汉：武汉出版社, 2010.

[67] 周永红, 肖瑞欣, 鲍殊易. 服装图案 [M]. 武汉：湖北美术出版社, 2006.

[68] 朱宁, 陈寒佳. 服装色彩与搭配 [M]. 合肥：合肥工业大学出版社, 2015.

[69] 朱祎. 服装设计中的色彩搭配与运用 [J]. 流行色, 2021 (11)：32.